土家族吊脚楼建筑行业规范编制
编撰委员会

主　任　张勇强

副主任　陈　颖

委　员　刘小虎　陈　飞　林沈波　邓蕴奇　柯兴碧
　　　　　王炎松　刘　炜　雷祖康　李　晓　张　竞
　　　　　曹　磊　高家鸣　谭　星　万桃元　米　杰

荆楚传统工艺振兴系列丛书

土家族
吊脚楼营造技艺

TUJIAZU
DIAOJIAOLOUYINGZAOJIYI

恩施土家族苗族自治州住房和城乡建设局 著

主　　编	张勇强
副 主 编	陈　颖　邓蕴奇　林沈波　刘　炜　王炎松
执行主编	柯兴碧
执行副主编	陈希平
编写成员	朱玢蓉　王必成　毛立楷　艾耀南　米　杰 赵　进　刘琰玥　姜　汉　段旭燕　伍小敏 钟　兰

华中科技大学出版社
http://press.hust.edu.cn
中国·武汉

图书在版编目(CIP)数据

土家族吊脚楼营造技艺/恩施土家族苗族自治州住房和城乡建设局著.—武汉:华中科技大学出版社,2022.11
　ISBN 978-7-5680-7961-7

Ⅰ.①土…　Ⅱ.①恩…　Ⅲ.①土家族-民族建筑-建筑艺术-研究　Ⅳ.①TU-092.873

中国版本图书馆 CIP 数据核字(2022)第 230198 号

土家族吊脚楼营造技艺
Tujiazu Diaojiaolou Yingzao Jiyi

恩施土家族苗族自治州住房和城乡建设局　著

策划编辑：汪　杭	
责任编辑：洪美员	
封面设计：原色设计	
责任校对：曾　婷	
责任监印：周治超	
出版发行：华中科技大学出版社(中国•武汉)	电话：(027)81321913
武汉市东湖新技术开发区华工科技园	邮编：430223
录　　排：华中科技大学惠友文印中心	
印　　刷：湖北恒泰印务有限公司	
开　　本：787mm×1092mm　1/16	
印　　张：13.75	
字　　数：330 千字	
版　　次：2022 年 11 月第 1 版第 1 次印刷	
定　　价：98.00 元	

本书若有印装质量问题,请向出版社营销中心调换
全国免费服务热线：400-6679-118　竭诚为您服务
版权所有　侵权必究

序 INTRODUCTION

2013年7月,习近平总书记在湖北考察时强调"城乡建设应体现湖北特色和荆楚文化"。总书记就建设社会主义新农村、建设美丽乡村也明确指示要求"注意生态环境保护,注意乡土味道,体现农村特点,保留乡村风貌,坚持传承文化,发展有历史记忆、地域特色、民族特点的美丽城镇"。

2011年,"土家族吊脚楼营造技艺"经国务院批准列入第三批国家级非物质文化遗产名录。吊脚楼是以往土家族、苗族、侗族、壮族等少数民族的居屋形式,尤以土家族为盛。吊脚楼建筑属干栏式建筑。据史料记载,约7000年历史的河姆渡遗迹,出土文物就有带榫卯的木构件;约3000多年前的湖北蕲春毛家咀遗址,木构件建筑遗址有5000多平方米;吊脚楼自新石器时代就流行于长江流域以南,之后兴盛于汉唐。吊脚楼营造特点是榫卯结构、磉磴立柱、坡地吊脚、走马转角、飞檐翘角、镂窗画梁、雕瓜绣朵、青瓦覆盖。其建筑设计理念是"掌墨师头脑中一座屋",即没有设计图纸,而是因地制宜,依山就势;若其建造有所创新,也是出自工匠师傅的别出心裁。其传承方式是徒弟跟师三年,口传心授。由此,吊脚楼营造技艺这一少数民族的瑰宝在传承、发展、创新方面存在很大阻碍。

2016年始,在担任恩施州人民政府副州长期间,我通过调研了解到吊脚楼遍布恩施州8个县市,以咸丰、鹤峰、宣恩、恩施、利川等县市较多。眼看许多古老的吊脚楼群有的瓦破柱腐、濒临倒塌,有的残垣断壁、屋场荒芜,令人揪心惋惜。与老一辈吊脚楼建筑艺术传承人交流,他们也提及吊脚楼营造后继无人、传承艰难。

2017年,在陪同东南大学段进院士在恩施开展田野调查时,谈起地方特色的营造,段老师对吊脚楼营造技艺传承与保护的想法和我不谋而合,并支持我组织开展保护与研究相关工作。

2018年,湖北省委、省人民政府《关于推进乡村振兴战略实施的意见》出台,要求繁荣农村文化,实施文化兴盛工程,充分挖掘荆楚文化,保护好历史文化名镇(村)、传统村落、历史建筑、古树、民俗、农业遗迹等遗产。我随即向时任恩施州委书记柯俊、州长刘芳震请示开展土家族吊脚楼抢救性保护研究,得到领导们的一致支持。不久,此项目经恩施州人民政府批准实施。

"土家族吊脚楼建筑行业规范编制项目"由恩施州人民政府委托恩施州住房和城乡建设局具体负责实施。项目共包含四项工作内容:编制

《土家族吊脚楼建筑国家标准》；编制《土家族吊脚楼营造技艺指南》；编著《土家族吊脚楼建筑艺术与文化》图书；编著《土家族吊脚楼营造技艺》图书。项目的目的有三：一是挖掘整理吊脚楼营造的基本遵循、导则和规律；二是给新时代吊脚楼营造提供一部直观且能操作的参考范本；三是研究、陈述土家族吊脚楼营造文化和相关的土家生活习俗。

《土家族吊脚楼营造技艺》获得湖北省古建筑保护中心、武汉大学、武汉理工大学、湖北土司匠人古建筑有限公司等单位的有关专家、教授、学者辛勤付出，他们到湖北恩施州各县市及湘黔土家族居住地区深入调研，勘测吊脚楼民居，走访吊脚楼营造工匠，组织拍照绘图；到图书馆、博物馆查阅资料、撰写文稿，既有分工又有协作。编写团队几易其稿、反复修改，文本终稿经以华中科技大学李保峰教授为组长的专家评审组认真严格评审且通过，终于付梓。

《土家族吊脚楼营造技艺》全书文字近 10 万字，拥有近千幅实物图及绘图。从土家族吊脚楼建筑平面、立面、结构、装饰和建筑材料及工具等方面对吊脚楼营造的结构特征、技艺表现、营造流程及构造思想进行了一定的挖掘探究、记录整理。该书重在图，通过大量图片及测绘的展示，给予读者直观感受，转化成技艺传承。所配文字是基于调研进行的简单阐述，通俗易懂，使读者能够更好地感受到吊脚楼营造技艺的基本要领。

近年来，恩施州积极推进生态文明建设，大力发展全域旅游，全面推进乡村振兴，保护和传承民族非物质文化遗产工作呈蓬勃之势，传统村落和少数民族村寨保护和建设项目接连落地。我希望《土家族吊脚楼营造技艺》的出版能对恩施州乃至整个武陵山区的百姓安居、乡村振兴、城镇规划、旅游发展等起到参考辅助作用，对吊脚楼营造从业者及其他对此感兴趣的读者有所启发。

是为序。

2021 年 8 月 9 日

目录 CONTENTS

第一章　概述 1
　第一节　土家族吊脚楼的分布区位及自然环境　1
　第二节　土家族吊脚楼的营造思想　3
　第三节　土家族吊脚楼的基本特征　11

第二章　土家族吊脚楼平面 18
　第一节　吊脚楼的平面功能要素　18
　第二节　吊脚楼平面类型　37
　第三节　吊脚楼平面组合　50

第三章　土家族吊脚楼立面 59
　第一节　吊脚楼立面的组成　59
　第二节　吊脚楼立面的类型　65
　第三节　吊脚楼立面的细部做法　99

第四章　土家族吊脚楼结构 108
　第一节　吊脚楼木构架　108
　第二节　吊脚楼楼地板及楼梯　129
　第三节　吊脚楼屋顶　133
　第四节　吊脚楼其他部分结构做法　144
　第五节　吊脚楼构造实测图　150

第五章　土家族吊脚楼装饰 159
　第一节　门窗　159
　第二节　柱、枋、雀替、撑拱　171
　第三节　其他（封檐板、栏杆、柱础、门簪）　187

第六章　土家族吊脚楼材料　201
　　第一节　地面材料　201
　　第二节　墙体材料　203
　　第三节　木构材料（木材）　204
　　第四节　屋面材料　208

后记　210

第一章 概 述

第一节 土家族吊脚楼的分布区位及自然环境

一、土家族吊脚楼的分布区位

土家族是居住在湘、鄂、渝、黔交界处的一个古老民族,他们自称"毕兹卡",意思是"说土家语的人",也有人解释为"本地人",是土家人的自称。土家族主要是古代巴人的后人,土家文化与巴文化有着直接的继承关系,这在考古学上有着明确的谱系渊源①。《华阳国志·巴志》记载,巴郡郡治江州"地势刚险,皆重屋累居,数有火害,又不相容"。其中,"重屋累居"即干栏式建筑的吊脚楼民居。土家族吊脚楼便将源于古代巴人的干栏式建筑一直延续下来。

吊脚楼,也叫"吊楼",为土家族、苗族、壮族、布依族、侗族、水族等少数民族的传统民居,不同民族的吊脚楼,因居住环境和民族习惯不同而存在细微的差别。土家族吊脚楼因其突出的转角龛子形象和半围合的院落,成为吊脚楼家族中独特的类型。

作为土家人居住建筑的代表,土家族吊脚楼的分布范围广泛,与土家族主要聚居区分布范围基本一致。根据国家现行行政区划,土家族民族主要聚居分布区域有湖南省的37个县(市、区)、湖北省的11个县(市、区)、重庆市的7个县(区),以及贵州省的16个县(区),如图1-1所示。

其具体分布为:湖南省湘西土家族苗族自治州的永顺、龙山、保靖、古丈等县,张家界市的慈利、桑植等县,常德市的石门等县;湖北省恩施土家族苗族自治州的来凤、鹤峰、咸丰、宣恩、建始、巴东、恩施、利川等县(市),宜昌市的长阳、五峰两县;重庆市的黔江、酉阳、石柱、秀山、彭水等县(区);贵州省的沿河、印江、思南、江口、德江等县。

二、土家族吊脚楼的自然环境

武陵山区土家族所分布区域,方圆约10万平方千米,属山区丘陵地带,武陵山脉横贯其间,三峡巫山绵延北部,海拔多在400～1500米。境内山峦重叠,山势险峻,沟壑纵横,溪河密布,主要有酉水、澧水、清江、武水等河流纵横交错。整个地区,峰巅山峦挟持河谷平坝,自云贵高原向东倾斜延伸。属于西南季风控制的东极,呈现典型的亚热带季风气候,区域内雨

---
① 余西云:《巴史——以三峡考古为证》,科学出版社,2010年,第十章第三节。

量充沛,森林茂密,山地辽阔。

土家族吊脚楼与所处地理自然环境关系密切。自古以来,土家族"散处溪谷,择高峻聚族而居",至今土家村落山寨,或依山傍水,或横卧山坳,或骑坐山梁,或隐藏峡谷,或躲进白云深处,古木翠竹环抱。吊脚木楼,鳞次栉比,宛如翡翠珍珠,洒落于崇山峻岭之中,颇有世外桃源之幽美(见图1-2、图1-3)。

图1-1　武陵山区土家族(吊脚楼)分布图

图1-2　世界文化遗产——咸丰县唐崖土司城

图 1-3 著名的民族旅游村——宣恩县彭家寨

第二节 土家族吊脚楼的营造思想

武陵山区是多民族聚居之地,也是巴、楚、蜀文化与中原文化的交汇点,干栏式建筑在这一区域经历了漫长的历史演变过程,形成了如今的土家族吊脚楼,它们既继承了古老的干栏式建筑基因,也充分体现了土家人的创造力和文化的多元性。

土家族吊脚楼遵循依山就势、因地制宜和顺风顺水、就地取材的原则。平地上的吊脚楼建筑齐齐整整,壁连壁、檐连檐、手牵手、肩靠肩,围合成一个巨大的院落;山地上的吊脚楼鳞次栉比,层层递进,瓦舍层层,参差错落,黑瓦黄壁,漏窗飞檐,支撑着这份古老的平衡。吊脚楼这种随意的、意识不受任何约束的规矩以及强调"道法自然"的外部形态,与山地空间环境之间的自然平衡,即是土家族吊脚楼最鲜明的营造思想(见图1-4、图1-5)。

一、讲求"天人合一"的居住理念,与大自然和谐共处

古代土家族吊脚楼建造方位的选择,注重讲究宅基地的"龙脉",以"左青龙,右白虎,前朱雀,后玄武"作为选择宅基地的基本条件,恪守"住者人之本、人者宅为家""地善苗壮、宅吉人荣"的信条。在建房之初,土家人都要请人择地定向,选择一个坐北朝南,背靠青山,面对

绿水，视野开阔的好屋场，充分考虑风向、日照、水流、山势、林木等居住相关因素。从土家人建房仪式以及建筑布局、形态、构造等方面也可以看到古代土家族民居建筑注重风水、"龙脉"和"人神共处"的空间神性价值观。而人、屋、景和谐的建筑风格，正是土家族民居所体现的"天人合一"的居住特点（见图1-6）。

图1-4　依山建寨，择险而居——利川市鱼木寨

图1-5　挟"龙口水"，自成一体——恩施市滚龙坝

(a)　　　　　　　　　　　　(b)

图1-6　顺山而筑，云雾丛生，竹林掩映——宣恩县彭家寨

古代土家村落选址是在观宇宙天象，择地基是在选五行地象，上梁唱赞歌是在尽散人象、祝愿命相，取自然中吉象，化天然中险象。在建筑文化中，自然不是一个独立于人之外的

认识客体,而是与人水乳交融的有机整体;人是宇宙自然的有机成分,人即自然,自然即人。不依靠创意和灵感,完全凭需要和可能性创造出来的建筑,达到了自然又巧妙、简练又和谐的境界。居住在与大自然融为一体的吊脚楼里的人们,过着幽静的生活(见图1-7、图1-8)。

图1-7 永顺县双凤村民居

图1-8 宣恩县彭家寨民居

勤劳的土家人对待自然的态度是和谐共处,并不把自然当作征服的对象,而是充分顺应自然。吊脚楼取材于自然环境,石块、杉皮、竹木等与周围景观非常协调。吊脚楼的建造并不改变而是适应地形地貌,注重对水体、植被的保护,村寨和房屋的营建合乎生态规律。安放在山腰处的吊脚楼群,楼前片片茶园,为人们提供了很多的生活资源(见图1-9)。

图1-9　来凤县某村楼前的大片茶园

土家族所处的自然条件并不算优越,但却能因地制宜,适应环境。由于高山幽谷地貌占据多数,且土家族以往的生产生活属于农耕文化,受耕地资源的限制,土家人将居所建在山坡上,不占用临近河流和适于耕种的土地。土家族吊脚楼为穿斗式构架,开间少、进深浅、占地不多,可在不规则的复杂地段上建造,适用于各种山区地形。穿斗式木结构房屋节点容易处理,灵活性大。在基础难以处理的情况下,柱脚铺垫块石即可省去基础,这种干栏式民居是适应特定地形的产物(见图1-10、图1-11)。

图1-10　酉阳县白氏家宅

图 1-11　酉阳县刘氏院落

二、干栏结构凸显有利生产、方便生活的实用价值

武陵山区雨水丰富,湿度大,所以对建筑而言,隔热、通风、防雨、防湿是必要的。土家族吊脚楼属于干栏式建筑,最基本的特点是正屋建在实地上,厢房一边靠在实地和正房相连,其余三边皆悬空,靠柱子支撑,形成吊脚。在一层台基上建造的吊脚楼,一部分房体落脚于平地上,另一部分房体依靠若干立柱支撑,柱脚处铺垫石块(见图1-12)。这种高坎上的吊脚楼,上大下小,凌空高悬,尽显吊脚之态,房屋外侧转脚处尤其显出高悬之感(见图1-13)。

图 1-12　宣恩县彭家寨吊脚楼

图 1-13 咸丰县王母洞高坎上的吊脚楼

土家族吊脚楼从空间上垂直划分为阁楼、居住和架空三个部分。阁楼空间主要用于储存和风干谷物,位于堂屋两侧房间的上方;居住空间是人日常活动最主要的区域,可以分为堂屋、人间和吊脚厢房三个部分;架空空间一般用作圈养牲畜、养殖蜜蜂或堆放杂物。吊脚楼上面栏杆围成的空间,不仅仅是走廊,也是晾晒东西,同时用于休闲和交流感情的场所(见图 1-14)。一般情况下,吊脚楼下层是关牲口空间。现在,有的民居开始采用木板壁或水泥砖垒墙,一方面可以提高空间利用率,另一方面又给上面的空间提供更大的支撑力,提高稳固性(见图 1-15)。

图 1-14 龙山县苗儿滩中的吊脚楼

图 1-15　永顺县双凤村吊脚楼的下层

土家族吊脚楼的架空结构和对每层空间的处理都考虑到气候的影响:在居住层,退堂和凹廊组成一个半户外空间,增强了室内环境的通透性,使整层通风较好;底层空间注意防秽和防潮,解决秽气及潮气窜入吊脚楼的居住层的弊端;土家族民居还设火塘,围坐火塘,可祛湿驱寒。

吊脚楼是起居的房屋,储藏粮食的仓囤屋则须另建。建在斜坡的仓囤屋,也是一种吊脚楼式的建筑(见图 1-16)。

图 1-16　利川市某吊脚楼

吊脚楼的实用价值主要体现在居住和生活两个方面。居住上,一是安全,吊脚楼离地高,可有效地防潮和防蛇、虫、蚊之害。尤其是悬空部分延伸出的平台,干燥、通风,基本上解决了谷物的存放,是很好的"粮仓"。二是方便,吊脚楼的特性有利于人们将房址选在近水、有水、有路、有田的地方,尽可能提高其实用价值。

从宏观上看,吊脚楼是长方形与三角形的组合,这种组合形体稳定而庄重,这种平面组合及内部结构具有超越视觉的艺术价值(见图1-17)。从微观上看,吊脚楼下部架空成虚,上部围成实体,按传统理念,空为阴、实为阳,虚则柔、实则刚,虚实结合,阴阳一体,是一种刚柔相济的建筑形态。总之,吊脚楼空间紧凑,开合随意,分割自然,布局灵活,彰显和谐统一、相得益彰的气韵。

图1-17　利川市李盖五庄园

三、就地取材、经济节俭、因地制宜的建造物料供给

中国席居制度的形成,以"建筑是'定居'的物化"为标志,人类能够定居,就意味着文明的开始。因为只有在定居以后,人类才能更好地生活和赢得时间,从事狩猎和农业生产活动。因此,大量的原始森林,天然的物质条件,是形成土家族具有民族特点的艺术建筑——吊脚楼的基础。

建筑学家梁思成先生说:"建筑之始,产生于实际需要,受制于自然物理,非着意创制形式,更无所谓派别。其结构之系统,及形式之派别,乃其材料环境所形成。"任何建筑都受制于地形、气候和建筑材料:在形制结构上要适应气候和地形,在材料上需借助当地资源,建筑技术也与材料息息相关。因此,建筑材料是形成建筑样式的重要前提条件。

武陵山区的自然条件满足杉木生长的要求,杉木生长速度快,结构均匀,材质好,易加工,耐腐蚀,具有很好的经济价值,这些特性为土家族建造民居提供了优质的选择(见图1-18)。因此,土家族的民居多为木结构建筑,除了屋顶的材料之外,杉木是主要的建造材料。

图 1-18 利川市鱼木寨

第三节 土家族吊脚楼的基本特征

土家族多聚族而居,民居多依山而建,自成群落。建房都是一村村、一寨寨连成村寨,很少单家独户。所建房屋多为木结构,小青瓦,花格窗,罾檐悬空,木栏扶手,走马转角,古香古色。一般居家都有小庭院,院前有篱笆,院后有竹林,青石板铺路,刨木板装壁,松明照亮。一家人过着日出而作、日落而息的田园宁静生活。

一、选址特征

吊脚楼村落,几乎无一不是依山就势和依形傍水而居。这些村落虽然也有一些中心区域,但都不是按照几何图形来布局的。从单体建筑到村寨布局,呈现出一种看似无序却有规律的、一种有限区域内紧密簇拥的状态。

(一)依山而建,珍惜土地

武陵山区山峦连绵,水网密布,使得土家族民居选址更为珍惜土地,其聚居场所一半为地,一半为水。地形条件决定了土家族民居的建筑须依山而建,而为了避免水汽和有毒、有害生物对民居的侵害,土家人选择让民居腾空架起,这种民居样式不仅使土家族获得了适宜的居住场所,而且形成了灵动的民居建筑外观。

(二)依山就势,临水近水

吊脚楼正面基地多设有院坝,利用地理优势可从事生产活动,视野开阔,向阳避寒。土家人在修建房屋时,往往会选择让房屋与山坳相对,这样在视野上没有阻挡,空气流通性好,会让人感觉到心情舒畅。同时,房屋常会被修建在山体的阳坡上,其光照充足,可抵挡寒风。

水源方便,可避山洪。水是人民生活、生产所必须具备的资源,因此土家寨落在选址上多靠近水源,以沿河而居较为常见,其他水源形式呈伴随状态。同时其民居多建于缓坡之上,自然形成的沟壑能应对突发的山洪排泄(见图1-19、图1-20)。

图1-19 近水而建的土家族吊脚楼村落——凤凰古城

图1-20 依山临水的湘西龙山县洗车河村

二、聚落类型及特征

无论是哪种类型的民居结构,土家族吊脚楼一般都在本民族群居的地方形成山寨或村落,形成"聚族而居,自成一体"的传统。面对不同的自然条件,其聚落的组合方式有着明显的区别,主要有山地型、组团型、平原型和沿河型。

(一) 山地型

聚落区域内地势高差较大,吊脚楼沿着山势的等高线布局,前低后高,吊脚数量较多,龛子造型大多丰富多变(见图1-21)。

(二) 组团型

聚落选址在山谷的盆地处,吊脚楼集中在山坳内,地势中间低、四周高,吊脚数量根据局部地势来确定,以平地起吊形式或座子屋为主(见图1-22)。

(三) 平原型

聚落选址在河流的冲积平原上,地势相对平坦,高差不大,底层架空的吊脚楼数量较少,大多为平地起吊形式或座子屋(见图1-23)。

(四) 沿河型

聚落选址在河流岸边(或两侧),沿河流方向布局,这一类型多为商业发达的集镇,建筑类型丰富多样(见图1-24)。

图1-21 山地型——秀山县张普西家宅

图1-22 组团型——宣恩县彭家寨

图1-23 平原型——恩施市崔家坝镇滚龙坝村

图1-24 沿河型——凤凰古城

土家村寨多一姓一寨或整村一姓。例如:利川市鱼木寨主要是土家族谭土司所在之点;彭家寨自然是土家族的大姓彭姓人之居,而与彭家寨同处一县的宣恩张家寨共9户人家全是张姓;还有恩施的滚龙坝村就是独姓向氏世居之所,他们同族兄弟间往往分家不分房,才形成了诸如三进十房、两天井,五进十一房、两天井,七进十五房、五天井,以及六间二进、十天井的中坪大型民居建筑楼群,体现出一种很强的宗族思想以及"四世同堂""合家欢"的大家族观念。

因为地形地貌的复杂性,土家族聚落形态灵活多变,依山就势,往往形成自由的线状布局。建筑平行于等高线连续布置,道路顺应地形以几户、十几户为单位串连成线,户与户之间有间隙,形成各自的领域界限,不同的高程之间各自形成群组,但又联系紧密。聚落结构联系明确而有方向性,同时曲折蜿蜒,起伏而有韵律感,体现出一种朴实的原始美感。

三、营造特征

(一)空间特征

土家族吊脚楼各空间分工明确、秩序井然,形成地域化、民族化的室内空间和室外空间。

室内空间又分为祖先神灵空间、人的居住空间和牲畜的空间三部分。空间划分的核心思想,是以中轴线和左侧为尊(面朝院坝而定的左侧),核心精神空间堂屋位于正屋中轴线,体现家庭团聚对内的精神,火塘屋空间则位于堂屋左侧,再根据长幼等顺序从正屋到厢房依次安排各房间(见图 1-25)。

(a)宣恩县彭家寨民居

(b)宣恩县观音堂

图 1-25 室内空间

室外空间，主要是指吊脚楼挑出的支架平台，房前屋后的院坝和坡地等，这些空间在房屋的四周横向延展。这种空间拓展的方式，遵从的原则是以正屋为中心，以生产、生活的便利需求为依据，伸展出正屋补充空间，实施的结果是整个房屋形成一种追求"占天不占地""复杂空中不复杂地面"的格局(见图1-26)。

(a) 酉阳县三元吊脚楼　　　　　　(b) 龙山县捞车河村民居

图1-26　室外空间

（二）结构特征

土家族吊脚楼使用穿斗结构作为屋架承重的方式，以榫卯连接形成横纵双向结构，"将军柱"(见图1-27)、"板凳挑"(见图1-28)等特殊承重构件，可以进一步提高建筑空间的利用效率和屋架结构的抗震性能。造型处理上既使用了传统的直柱和直枋构件，也使用了独具地域特色的带弧度的"大刀挑"(见图1-29)、"牛角挑"(见图1-30)、"弓背梁"和牵枋等构件。屋顶是土家族吊脚楼的又一地域元素，将厢房架空的同时使其屋面翼角弯曲起翘，形成了"龛子"(见图1-31)、"罢檐"等独具土家特色的建筑造型。

图1-27　将军柱　　　　　　　　图1-28　板凳挑

图1-29　大刀挑　　　　　　　　图1-30　牛角挑

图 1-31　龛子

（三）美学特征

　　土家族吊脚楼崇尚质朴，装饰并不繁杂，但往往寓意深刻。独创性地将装饰雕刻与构件制作完美融合，既不破坏结构受力的特性，又独具土家族装饰特色。如在柱础和吊瓜柱部位雕刻寓意吉祥的莲花、南瓜、鼓等装饰题材（见图 1-32）。除此之外，在门窗、扶手、屋脊等细部也有较为精美的雕刻，尤以花窗样式较为复杂，组合形式多变，有的花窗还刻有人物故事、花鸟鱼虫等素材（见图 1-33、图 1-34）。在建筑色彩处理上，以表现材质本身的原真性为审美依据，仅以桐油刷光，既可以增强视觉效果，又可以达到防腐目的。土家族吊脚楼张弛有度的装饰营造技艺，反映出土家人独特的审美情趣，体现了属于东方民族的淳朴内敛性格。

图 1-32　寓意吉祥的吊瓜柱

图 1-33　简单的几何拼接花窗

图 1-34　雕刻精美花纹的穿枋

第二章　土家族吊脚楼平面

武陵山区地处我国华中腹地,高山峡谷,夏热冬冷,空气湿度大。特有的地形地貌和气候环境孕育了土家族吊脚楼独具魅力的空间形式。

在竖向空间上,土家族吊脚楼通常在底层架空,由柱子支撑调节,一般饲养牲畜或充当杂物间,中层用于人居,而阁楼作为储晾空间。这样的平面布局既有利于防潮防汛,也以最为便捷的方式最大限度地利用了坡地地形,并节省了有限的平坝耕地。在平面空间上,往往是根据屋主需要而动态发展,最初一般只建"一"字形平面的座子屋,随着家庭人口的增多,两侧增加厢房,杂物间则在厢房最外侧,进而演变出钥匙头(一头吊)、撮箕口、四合水等多种平面形式,通过一定的规律对这些形态进行组合,还可以演变出更为复杂的民居甚至是庄园建筑。这种演变除了扩大了房屋的使用空间外,还有强化房屋作为"家堡"的防御功能的作用,可以用来观察、瞭望和居高临下地阻止外来的进攻,进一步提高居住者的安全系数。

土家族吊脚楼平面特征可归纳为三点:其一,都包含堂屋、火塘屋、次间厢房、院坝、天井等平面要素;其二,始终遵循当地的民俗习惯,强调堂屋的重要性、长幼有序的等级制度,堂屋作为吊脚楼最重要的精神空间被首先确定下来并择中布置,火塘屋次之;其三,以适应地形为原则,形式灵活多变。土家族吊脚楼的平面布局反映了土家人长幼有序的等级制度,体现了当地的风俗习惯与人居文化。

第一节　吊脚楼的平面功能要素

土家族吊脚楼平面由多个要素构成,根据功能划分为堂屋、火塘屋、次间厢房、院坝、天井等(见图 2-1)。

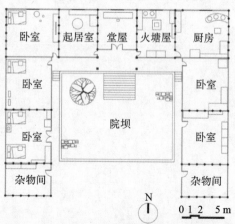

图 2-1　武陵山区土家族吊脚楼平面要素示意图

堂屋作为对外的精神空间,位于平面正中,是吊脚楼最重要的空间;火塘屋作为对内的精神空间,则位于堂屋左侧(面向院坝方向),体现了少数民族特色的空间;其他功能区间如次间厢房、天井、阁楼等围绕堂屋和火塘屋分布。屋顶飞檐翘角,类型多样,组合方式灵活,也是吊脚楼的一大特色。

一、堂屋

宋代《事物纪原》中说:"堂,当也,当正阳之屋;堂,明也,言明礼义之所。"堂屋,即厅堂,是传统民居的核心,在住宅中具有伦理色彩和重要地位。武陵山区土家族吊脚楼中的堂屋体现了"居中为尊"的礼教思想和"中正仁和"的中庸思想(见图2-2)。

(a) 恩施市龙凤镇杉木坝村尹家大屋　　(b) 利川市柏杨镇水井村民居

(c) 利川市柏杨镇水井村民居　　(d) 利川市柏杨镇水井村民居

(e) 咸丰县高乐山镇白果坝村民居　　(f) 宣恩县彭家寨民居

图 2-2　民居建筑堂屋实景图

堂屋位于正房中央,又称"明间",尺度较其他开间更大。受汉人文化影响,土家族亦崇尚单数,即"阳数",因此住宅格局一般呈三间、五间、七间等轴对称形式。堂屋内不铺设木地板,也不设阁楼,室内通高,空间开阔,可直接在堂屋内看到屋架。由于不同家庭对堂屋的需求不同,堂屋的形制存在一些差别,分为有后堂和无后堂两种形式(见表2-1)。

表2-1 武陵山区土家族吊脚楼堂屋形制

形式	图示	平面	地点	备注
有后堂			来凤县舍米湖村民居	后堂又称"后座""倒座",是位于堂屋后面的房间
无后堂			咸丰县唐崖土司城民居	堂屋仅用墙板与外隔开,从神龛两侧的门可直接到达室外

至于土家族吊脚楼的开间,在完成屋基平整以后,首先由掌墨师傅(负责屋基放线的技术人员)根据屋主意愿与房屋基址条件来确定建筑的总面阔,其次确定房屋的开间数量,然后确定堂屋的开间宽度,最后才能确定两侧偏房的开间宽度。

土家族吊脚楼常用的开间尺寸为1.2~1.6丈(1丈约为3.33 m)。《鲁班经》中记述:"区者绳圣,三白九紫,工作大用,日时尺寸,上合天星,是为压白之法。"由此,以"8"作为尺寸的尾数,是为"吉"的象征。因此,土家族吊脚楼的开间尺寸尾数都有"8",这一做法被称为"压白尺"。具体而言,堂屋的开间尺寸比偏房宽1尺(1尺约为0.33 m)或者8寸(1寸约为0.03 m),若堂屋开间为1.48丈,则旁边的次间(或称"人间")为1.38丈。

堂屋作为土家族吊脚楼重要的精神空间,其开间一般大于次间开间,为1.3~1.6尺,堂屋进深尺度一般大于开间尺度,比值近似于1∶1(见表2-2)。

表 2-2　武陵山区土家族吊脚楼堂屋尺度统计表

编号	名　称	平　面	进深/m	开间/m	长宽比
1	来凤县百福司镇舍米湖村某宅	1.堂屋 2.火塘屋 3.起居室 4.卧室 5.厨房 6.杂物间	5.50	4.50	1.22：1
2	来凤县百福司镇舍米湖村某宅	1.堂屋 2.火塘屋 3.起居室 4.卧室 5.厨房 6.杂物间	5.70	5.40	1.05：1
3	咸丰县黄金洞乡麻柳溪村某宅	1.堂屋 2.火塘屋 3.起居室 4.卧室 5.厨房 6.杂物间	6.60	5.60	1.18：1
4	咸丰县清坪镇大石坝村某宅	1.堂屋 2.火塘屋 3.起居室 4.卧室 5.厨房 6.杂物间	4.80	4.70	1.02：1

续表

编号	名 称	平 面	进深/m	开间/m	长宽比
5	咸丰县高乐山镇梅坪村某宅	1.堂屋 2.火塘屋 3.起居室 4.卧室 5.厨房 6.杂物间	6.60	5.60	1.18∶1
6	咸丰县朝阳寺镇骡马滩村某宅	1.堂屋 2.火塘屋 3.起居室 4.卧室 5.厨房 6.杂物间	3.70	5.20	0.71∶1
7	利川市凉雾乡铁炉村某宅	1.堂屋 2.火塘屋 3.起居室 4.卧室 5.厨房 6.杂物间	4.50	4.50	1∶1

二、火塘屋

火塘屋又称"火铺""火床""火炕",一般位于吊脚楼堂屋左侧次间的前半间,是仅次于吊脚楼堂屋的重要场所。火塘屋是区别于堂屋的家庭聚会场所,作用类似于多进吊脚楼内的次堂,较为私密和随意。火塘屋既适应山区气候,有取暖、祛湿的作用,又能用于熏制肉类,弥补从前因无冰箱肉品易腐烂发臭的不足。火塘屋在从前作为厨房使用,如今也可用于简单的烹饪,更是一个家庭的教育、文化活动中心,家庭成员围绕火塘屋聚会、聊天,甚至辅导孩子的功课,当地有"火塘边教子"之说(见图 2-3)。

(a) 宜恩县高罗民居

(b) 永顺县大坝乡双凤村民居

(c) 咸丰县小村乡大村村移动式火塘

(d) 宜恩县彭家寨民居

图 2-3 民居建筑火塘屋实景图

根据不同的需求,火塘形制一般分为高架火塘、全铺火塘、移动式火塘三种(见表 2-3)。又因传统和礼制的要求,火塘屋通常位于堂屋左边,进深小于开间,面积约为堂屋的一半,长宽比约为 1∶1～1∶2。火塘的位置尺度无特殊规定,一般随房间大小而定,根据家庭人口的需求设置,通常情况下长宽比为 1∶1,周围由 4 个石条围成一个烧火空间,石条的作用是防火,长度约为 1 m(见表 2-4)。

三、次间厢房

吊脚楼的次间又称"人间"或"偏房",指堂屋两侧的房间,主要用作卧室、厨房、客房等。一般东面用作卧室,西面作为火塘屋。武陵山区地势较高,通常在右侧次间两侧中柱间用木板壁隔为前后两小间,前半间作为火塘屋,后半间作为卧室(见图 2-4)。

表 2-3　武陵山区土家族吊脚楼火塘形制一览表

类　型	实　景　图	备　注
高架火塘		高架火塘类似于"火铺窗"，架设在 0.2~0.4 m 的木板上，可丰富室内空间，在过去由于当地气候原因有一定实用性，目前在武陵山区不常见
全铺火塘		全铺火塘是最常见的火塘形式，在地上挖出边长约 0.8 m，深 0.1~0.4 m 的火坑，坑边可用条石或木板围合，火塘中央有生铁铸成的三脚架
移动式火塘		移动式火塘，其火源不固定置于移动火架上，不可设烤架，多用于烤火取暖，与火盆类似

表 2-4 武陵山区土家族吊脚楼火塘屋尺度统计表

编号	名称	平面	进深/m	开间/m	长宽比
1	来凤县百福司镇舍米湖村某宅	1.堂屋 2.火塘屋 3.起居室 4.卧室 5.厨房 6.杂物间	3.50	4.20	1:1.20
2	咸丰县活龙坪乡水坝村某宅	1.堂屋 2.火塘屋 3.起居室 4.卧室 5.厨房 6.杂物间	3.20	4.70	1:1.47
3	咸丰县活龙坪乡水坝村某宅	1.堂屋 2.火塘屋 3.起居室 4.卧室 5.厨房 6.杂物间	3.60	5.50	1:1.53
4	咸丰县清坪镇大石坝村田沟湾某宅	1.堂屋 2.火塘屋 3.起居室 4.卧室 5.厨房 6.杂物间	2.80	4.80	1:1.71

续表

编号	名称	平面	进深/m	开间/m	长宽比
5	咸丰县黄金洞乡麻柳溪村某宅	 1.堂屋 2.火塘屋 3.起居室 4.卧室 5.厨房 6.杂物间	4.10	5.30	1∶1.29

(a) 利川市柏杨镇水井村民居　　　　(b) 利川市柏杨镇水井村民居

(c) 利川市柏杨镇水井村民居　　　　(d) 利川市柏杨镇水井村民居

(e) 利川市柏杨镇水井村民居　　　　(f) 恩施市龙凤镇杉木坝村尹家大屋

图 2-4　民居建筑次间厢房实景图

次间是吊脚楼平面组成的基础单元格。作为卧室、火塘屋等长时间居住，次间均架起并铺设木地板，木地板通常与地面有 0.5～0.8 m 的距离。厢房作为晚辈卧室时，也会铺设木地板，一般在吊脚楼正屋不够居住且有经济条件时才会增筑厢房。

厢房即横屋，又称"龛子"或"签子"，位于正屋两侧，平面上与正屋垂直，有时为适应地形可进行适当偏转。厢房通常设 1～3 间，开间数量和等级都少于、低于正屋，根据土家人长幼有序的传统观念，厢房作为晚辈住所或客房，通常主体部分为卧室，外侧房屋空置或堆放杂物。

四、院坝

院坝指吊脚楼正屋前的空地，是吊脚楼外部的活动场所。院坝空间开阔，辅以绿化，通风和采光性能较好，能调节房屋局部气候条件，常作为晒坝使用（见图 2-5）。

(a) 宣恩县高罗民居　　　　　　　　(b) 咸丰县高乐山镇白果坝村民居

(c) 咸丰县唐崖土司城民居　　　　　　(d) 龙山县苗儿滩镇苗儿滩村民居

(e) 咸丰县甲马池镇马家沟村王母洞民居　　(f) 咸丰县甲马池镇马家沟村王母洞民居

图 2-5　民居建筑院坝实景图

座子屋的院坝最初不设院墙,但随着厢房数量的增加,院坝内向性也随之增加。院落空间在使用上几乎包容了家居的全部生活内容,围合不仅仅能提供物理的保护,而且能形成独立完整的局部空间,从而使住户产生安全感与归宿感。院落空间既能促进通风,调节房屋局部气候条件,同时又能提供一个相对私密的室外活动场所,缓解住户因长时间待在室内形成的封闭感。

五、天井

天井是一种以建筑围合而成的封闭性强的小型院落,多见于我国南方地区。天井上通各层,露天面积较小,较院落更具内向性。天井是建筑中功能性很强的要素之一,主要体现在通风、防晒、防火、防雨等方面,在生活功能性上较之庭院相对较弱。天井常与房间相融,作为室内外缓冲空间存在,而非单纯的室外空间(见图 2-6)。

(a) 利川市柏杨镇水井村民居

(b) 利川市柏杨镇水井村民居

(c) 咸丰县甲马池镇马家沟村王母洞民居

(d) 利川市柏杨镇水井村民居

(e) 巴东县绿葱坡镇稻场岭村狮子包民居

(f) 宣恩县高罗民居

图 2-6 民居建筑天井实景图

从几何形态划分,天井可分为屋围合和墙围合。屋围合天井四周由房屋围合而成,形成四合水天井建筑。墙围合天井指天井四周是由墙和建筑共同围合而成的,在平面关系上可分为单面墙围合和两侧墙围合。屋围合天井按天井与厅的平面关系,又分为单面敞厅、双面敞厅、用廊围合三大类(见表2-5)。

表2-5 武陵山区土家族吊脚楼天井形制

类别	名称	形制（图示）	特点
屋与屋围合	单面敞厅	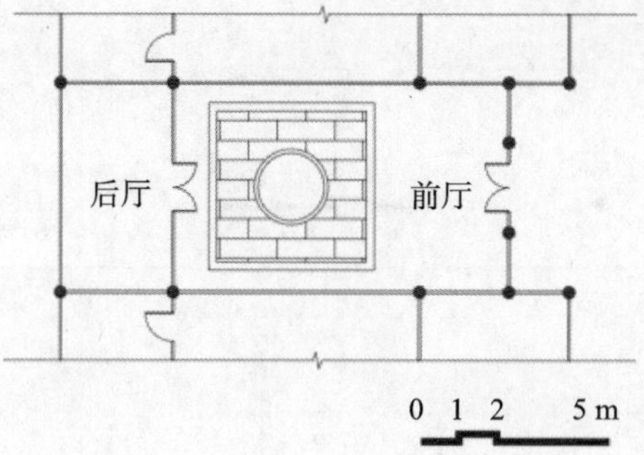	前厅开敞,后厅以天井分隔,私密性强,前厅是喧闹的公共区域,后厅则包含卧室等安静的私密空间,可兼顾屋内视线的通透性
	双面敞厅	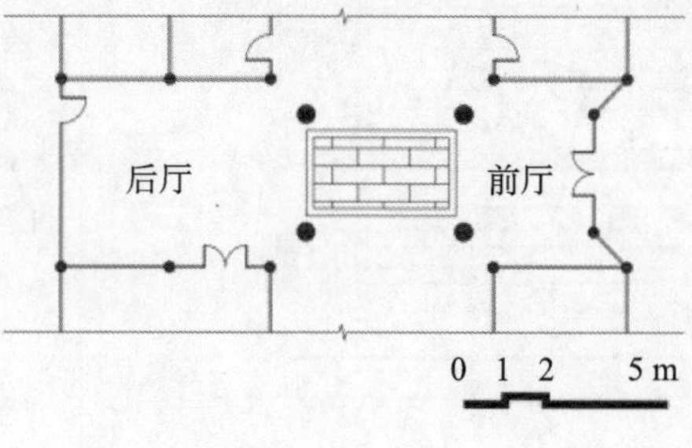	多出现在纵深较长的建筑中,前后厅都向天井敞开,能使空间更为流通,内部空间隔而不断、互相渗透
	用廊围合	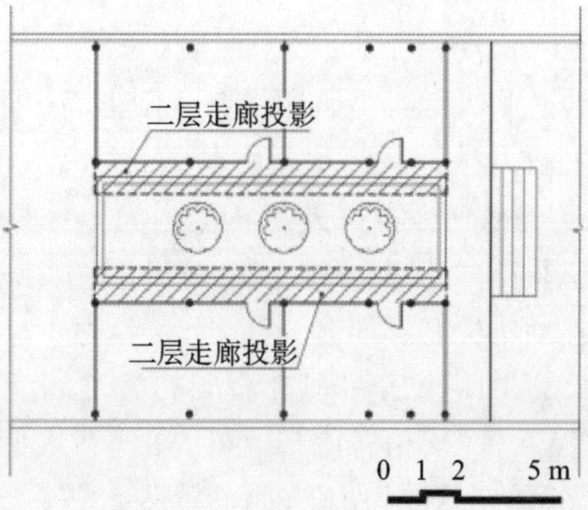	指天井周围建筑二层有出挑形成廊空间,增加天井内空间变化

续表

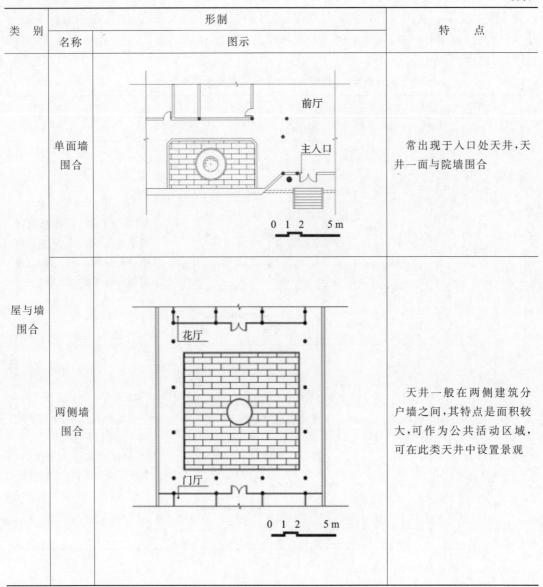

类别	名称	形制（图示）	特　点
屋与墙围合	单面墙围合		常出现于入口处天井，天井一面与院墙围合
	两侧墙围合		天井一般在两侧建筑分户墙之间，其特点是面积较大，可作为公共活动区域，可在此类天井中设置景观

　　天井的尺度往往受到容身的"丈室"制约，由于用地条件限制，一般小于堂屋进深。天井宽度与建筑面宽相同，而进深往往相去甚远。讨论天井的尺度时，不应仅关注平面尺度，还应关注高宽比这一相对尺度。从心理感受来看，天井高宽比为1∶1～2∶1为宜。民间《理气图说》有描述："天井之形要不方不长，如单棹子状。"单棹子即船桨，长宽比约为5∶1。在实际运用中，土家族吊脚楼天井平面以长方形居多，长宽比一般为1∶1～2.5∶1(见表2-6)。

　　天井是屋内空间的组成成分，是由四周房屋围合而成的虚空间。天井尺度大小影响着住户的心理感受，是展现吊脚楼"天人合一"精神内核之处，体现着人们与自然和谐共生的思想，也是古人认为的吊脚楼藏风聚气的"气眼"所在，他们认为天井尺度上过大则"泄气"，过小则"郁气"，尺度与房屋的格局应相适应。

表2-6 武陵山区土家族吊脚楼天井尺度统计表

编号	名　称	平　面	进深/m	开间/m	长宽比
1	宣恩县高罗镇黄家河村观音堂天井1		4.80	8.60	1∶1.79
2	宣恩县高罗镇黄家河村观音堂天井2		4.60	6.60	1∶1.43
3	宣恩县蒋家花园天井1		11.20	11.20	1∶1

续表

编号	名 称	平 面	进深/m	开间/m	长宽比
4	宣恩县蒋家花园天井2		11.40	4.60	2.48∶1
5	利川市柏杨坝镇李盖五庄园天井1		8.10	11.40	1∶1.41
6	利川市柏杨坝镇李盖五庄园天井2		8.70	4.60	1.89∶1

续表

编号	名　称	平　面	进深/m	开间/m	长宽比
7	利川市柏杨坝镇李盖五庄园天井3		4.70	2.90	1.62∶1

六、屋顶

屋顶是建筑平面的组成部分,是吊脚楼中富有特色和个性之处。土家族吊脚楼屋顶种类和形式是土家族居民为满足建筑排水、避雨、遮阳等实际需要,结合吊脚楼结构特征,在长期营建过程中逐渐确定的,体现了结构美和技术美,彰显了"天人合一"的营造理念,也是土家族建筑等级制度的体现。

吊脚楼屋顶以悬山式为主,兼有歇山式和封火山墙式。吊脚楼歇山式屋顶又称为"罳檐",是悬山加雨搭演变而成的。披檐延长到与山面挑檐相接成岔脊,就成了罳檐。有学者推断歇山的"歇"字就出自"罳檐"二字的"疾呼"。① 封火山墙式屋顶则是一种屋顶与山墙的组合形式,其山墙高出屋顶,呈阶梯状,这样可以有效防止火灾蔓延,故以此得名(见图2-7)。

屋顶平面组合的形式也有不同类型,主要有平齐、相叠、骑跨、穿透、下迭、勾褡裢、扭转、交错、"U"字形等。屋顶平面组合的不同形式构成了吊脚楼聚落形式多样的天际线景观,使吊脚楼的小青瓦屋面轻盈灵动,产生极佳的视觉效果(见表2-7)。

---

① 张良皋:《老房子——土家族吊脚楼》,江苏美术出版社,第14页。

(a) 宣恩县彭家寨民居
悬山屋顶

(b) 咸丰县唐崖土司城民居
悬山屋顶

(c) 咸丰县唐崖土司城民居
罳檐屋顶

(d) 宣恩县彭家寨民居
罳檐屋顶

(e) 宣恩县高罗民居
封火山墙屋顶

(f) 恩施市崔家坝镇滚龙坝村民居
封火山墙屋顶

图 2-7　民居建筑屋顶实景图

表 2-7　武陵山区土家族吊脚楼屋顶平面组合形式一览表

类型	图示	案例	备注
平齐			两个屋脊或檐口高度相同时的组合
相叠			小体量屋面叠在大体量屋面上,小体量屋面檐口比大体量屋面高
骑跨			两屋面体量不是很大时,主屋面屋顶骑跨在厢房屋面上,以突出主次关系

续表

类　型	图　示	案　例	备　注
穿透			一个屋面的屋脊低于另一屋面时，可直接穿透高屋脊的屋面相接
下迭			依山而建的建筑群中，上一级屋面叠在下一层屋面上，层层下迭排列
勾褡裢			指两处建筑前后相接，前一屋面后檐口搭接于后一屋面前檐口

续表

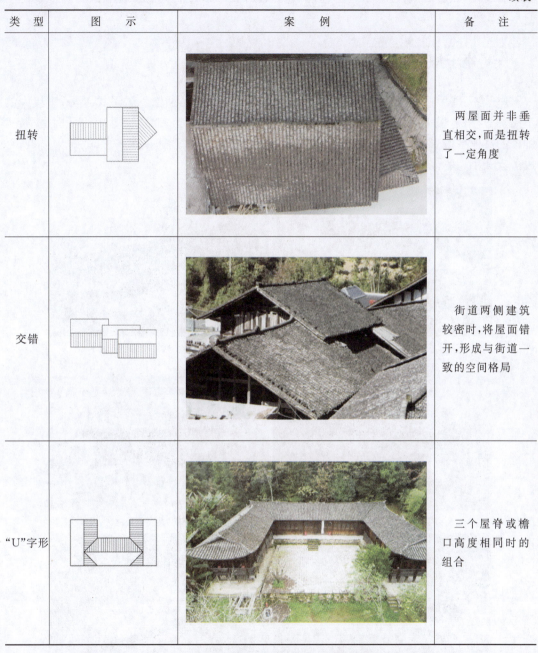

类　型	图　示	案　例	备　注
扭转			两屋面并非垂直相交,而是扭转了一定角度
交错			街道两侧建筑较密时,将屋面错开,形成与街道一致的空间格局
"U"字形			三个屋脊或檐口高度相同时的组合

第二节　吊脚楼平面类型

　　土家族吊脚楼中的堂屋、火塘屋、天井等平面要素按一定秩序和规律布局、组合,形成了形式丰富的吊脚楼平面。概括来说,吊脚楼平面主要有五种类型,分别是座子屋、钥匙头、撮箕口、四合水和店居型,还根据需要进行横向或纵向扩展,发展成为多进院落更为复杂的平面形态。

一、座子屋

座子屋,即"一"字形平面,又称"一字屋"。相应建筑多为独栋民居形式,是吊脚楼中的正屋部分,常建于平地,不设吊脚。座子屋是土家族吊脚楼中最简单、最基础的平面类型,吊脚楼的其他平面形式皆由座子屋发展而来。座子屋型建筑通常是一栋一户,散布于乡野,形成了大大小小的聚落(见图2-8)。

(a) 咸丰县唐崖民居　　(b) 咸丰县小村乡小腊壁村民居

(c) 咸丰县小村乡小腊壁村民居　　(d) 宣恩县高罗民居

(e) 咸丰县高乐山镇白果坝村民居　　(f) 咸丰县唐崖民居

图 2-8　座子屋型民居建筑实景图

中国民间有"一二不上数,最小三起始"的说法,因此座子屋平面初始形态是"一明两暗"的格局,也称为"三开间",而后逐渐发展为五开间、七开间或增筑偏厦(见表2-8)。

表 2-8 武陵山区土家族吊脚楼座子屋平面类型表

类型	图示	平面	备注
三开间	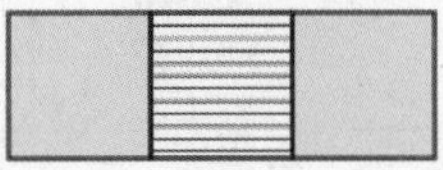	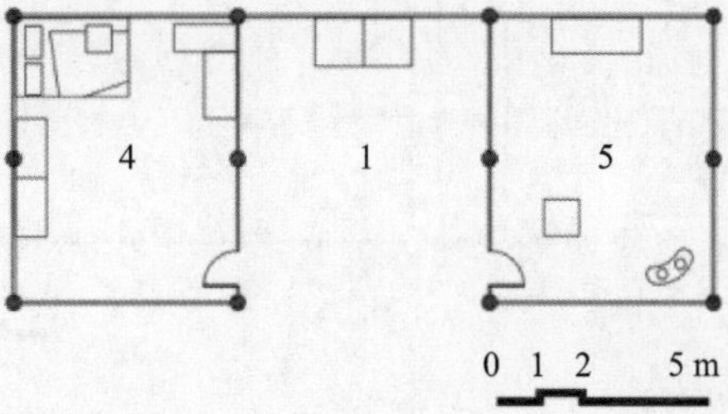 4、1、5；1.堂屋 2.火塘屋 3.起居室 4.卧室 5.厨房 6.杂物间	咸丰县唐崖土司城某宅
三开间亚型1	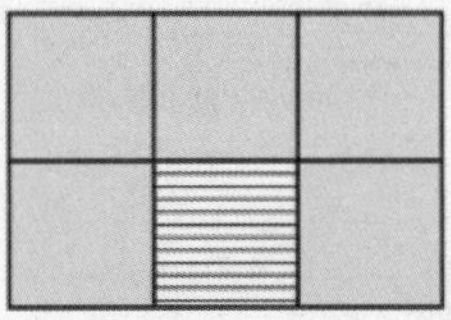	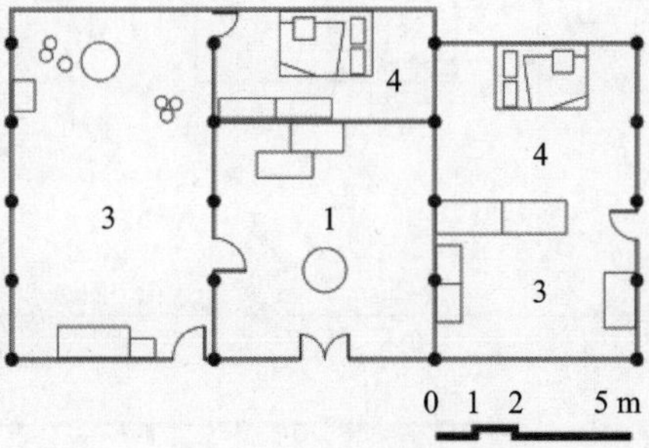 3、4、4、1、3；1.堂屋 2.火塘屋 3.起居室 4.卧室 5.厨房 6.杂物间	来凤县百福司镇舍米湖村某宅
三开间亚型2	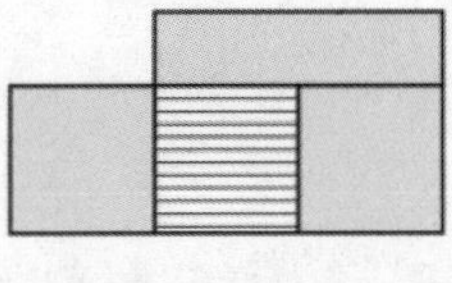	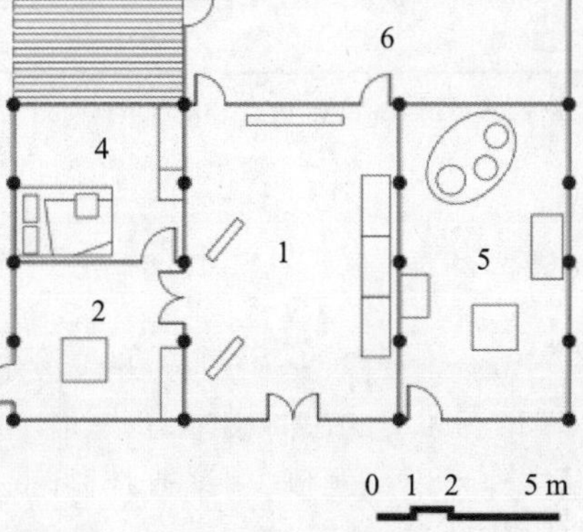 4、6、1、2、5；1.堂屋 2.火塘屋 3.起居室 4.卧室 5.厨房 6.杂物间	来凤县百福司镇舍米湖村某宅

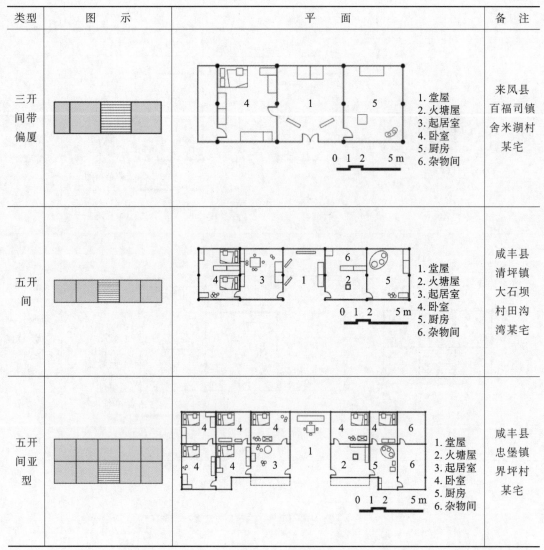

注：座子屋开间一般包含堂屋、火塘屋、起居室、卧室、厨房、杂物间，它们分别分布在不同楼层，非每个单层都有。

二、钥匙头

钥匙头平面，也称"一正一厢""一头吊""单吊式"，是由座子屋一侧增筑厢房而形成的"L"字形的建筑平面。在带有厢房的吊脚楼中，正屋建于平地不设吊脚，厢房则必设"吊脚"，甚至平地起吊。厢房通常建于正屋西侧，用来遮挡西晒，西侧厢房也通常作为女儿的闺房，又称"女儿房"，在受到地形限制等情况下，也可设在东侧。厢房通常有1~3间，与正屋组成半包围形式的院坝（见图2-9）。

钥匙头平面有诸多变体和扩展形式，根据实际情况可只扩展厢房、只扩展正屋，或是正屋、厢房同时扩展（见表2-9）。

第二章 土家族吊脚楼平面 41

(a) 宣恩县彭家寨民居　　　(b) 巴东县绿葱坡镇稻场岭村狮子包民居

(c) 宣恩县高罗民居　　　(d) 咸丰县唐崖土司城民居

(e) 永顺县老司城民居　　　(f) 宣恩县晓关侗族乡中村坝村民居

图 2-9　钥匙头型民居建筑实景图

表 2-9　武陵山区土家族吊脚楼钥匙头平面类型表

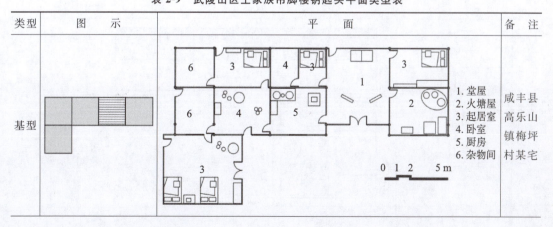

续表

类型	图示	平面	备注
亚型1		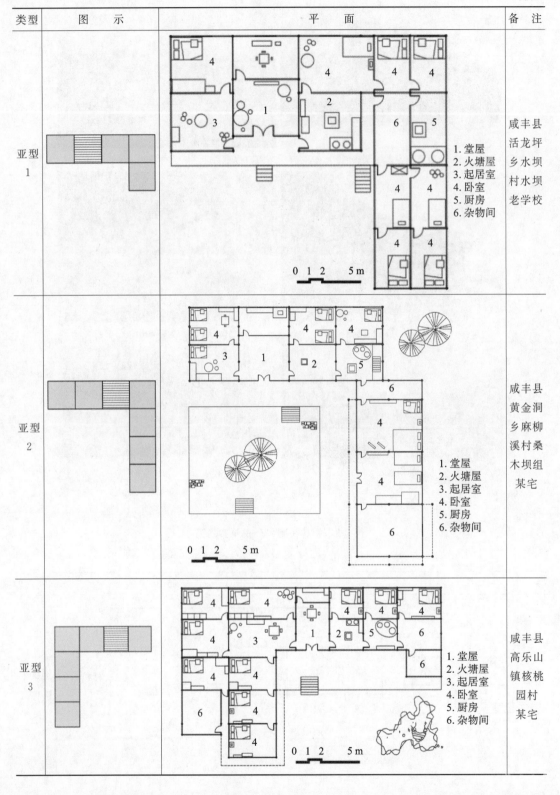1. 堂屋 2. 火塘屋 3. 起居室 4. 卧室 5. 厨房 6. 杂物间	咸丰县活龙坪乡水坝村水坝老学校
亚型2		1. 堂屋 2. 火塘屋 3. 起居室 4. 卧室 5. 厨房 6. 杂物间	咸丰县黄金洞乡麻柳溪村桑木坝组某宅
亚型3		1. 堂屋 2. 火塘屋 3. 起居室 4. 卧室 5. 厨房 6. 杂物间	咸丰县高乐山镇核桃园村某宅

三、撮箕口

撮箕口又称"三合院""一正两厢""三合水""二头吊",即在正屋左右两侧均设厢房而形成的平面类型(见图 2-10)。撮箕口有更强的围合意向,私密性较强。撮箕口的平面形制一般为正屋 3~5 间、厢房 2~3 间,厢房间数少于正屋。正屋位置在全宅中轴线处,若无地形限制,通常坐北朝南,开间、进深、装饰皆为全宅之首,常建于台地之上,以台阶连接院坝(见表 2-10)。

(a) 咸丰县唐崖土司城民居

(b) 咸丰县高乐山镇白果坝村民居

(c) 宣恩县彭家寨民居

(d) 巴东县绿葱坡镇稻场岭村狮子包民居

图 2-10 撮箕口型民居建筑实景图

表 2-10 武陵山区土家族吊脚楼撮箕口平面类型表

类型	图示	平面	备注
基型			咸丰县清坪镇泗坝村某宅 1. 堂屋 2. 火塘屋 3. 起居室 4. 卧室 5. 厨房 6. 杂物间

续表

类型	图示	平面	备注
亚型 1		1. 堂屋 2. 火塘屋 3. 起居室 4. 卧室 5. 厨房 6. 杂物间	咸丰县清坪镇泗坝村某宅
亚型 2		1. 堂屋 2. 火塘屋 3. 起居室 4. 卧室 5. 厨房 6. 杂物间	咸丰县尖山乡燕朝村铜厂坡某宅
亚型 3		1. 堂屋 2. 火塘屋 3. 起居室 4. 卧室 5. 厨房 6. 杂物间	咸丰县朝阳寺镇落马滩村下院子某宅

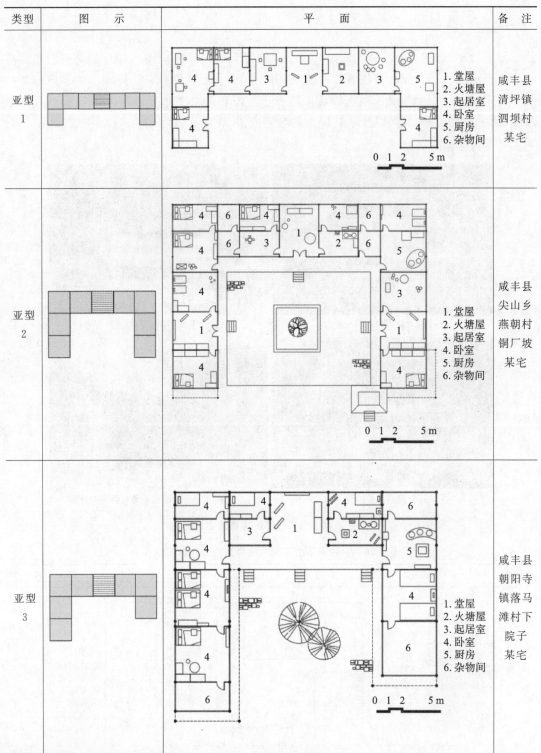

类型	图示	平面	备注
亚型 4	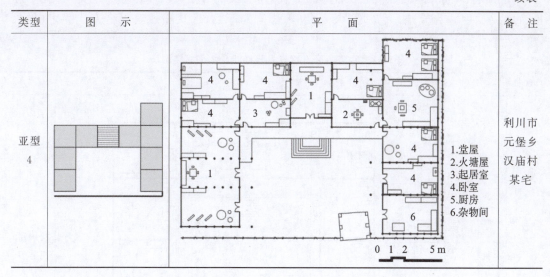	1.堂屋 2.火塘屋 3.起居室 4.卧室 5.厨房 6.杂物间	利川市元堡乡汉庙村某宅

四、四合水

四合水平面由正屋、厢房和入口处门厅围合而成,中间形成天井,即"四厅相向,中涵一庭"的"回"字形平面(见图2-11)。受礼制影响,四合水平面中轴对称,正屋处于中轴线上。正屋规格等级最高,长辈居住于正房,晚辈居住于厢房,帮工伙计居住于下房。

(a) 恩施市崔家坝镇滚龙坝村民居

(b) 恩施市崔家坝镇滚龙坝村民居

(c) 利川市柏杨镇水井村民居

(d) 恩施市崔家坝镇滚龙坝村民居

图2-11 四合水型民居建筑实景图

屋顶组合丰富,正屋檐口高于厢房的形式为"三檐平",檐口与厢房齐平的为"四檐平"。四合水平面中心为天井,天井是"天人合一"思想的产物,形状随建筑组合方式而定(见表2-11)。

表 2-11　武陵山区土家族吊脚楼四合水平面类型表

类型	图示	平面	备注
基型	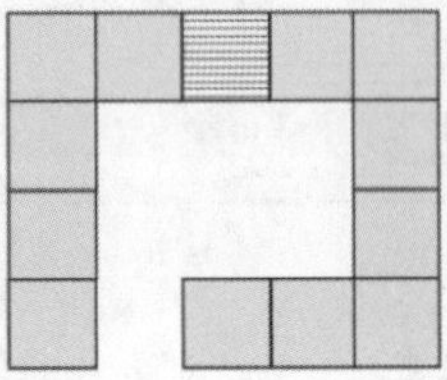	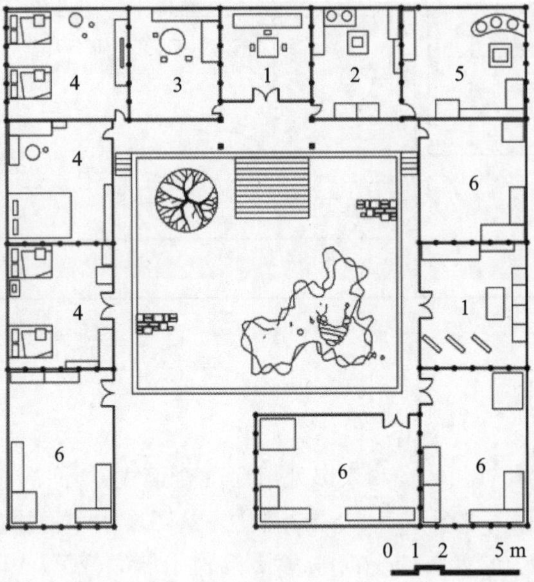 1.堂屋 2.火塘屋 3.起居室 4.卧室 5.厨房 6.杂物间	利川市凉雾乡铁炉村某宅
亚型1	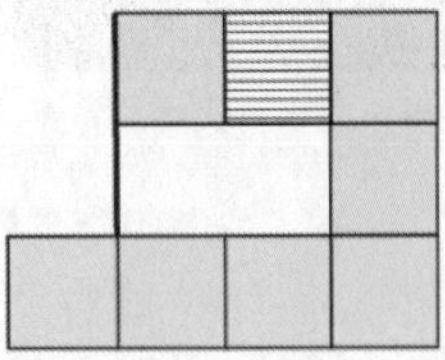	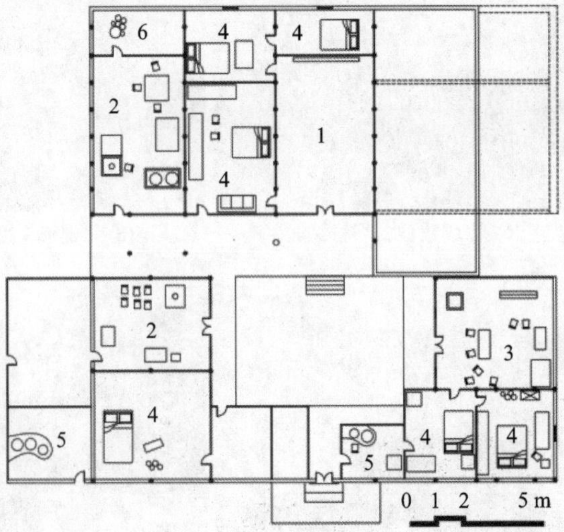 1.堂屋 2.火塘屋 3.起居室 4.卧室 5.厨房 6.杂物间	恩施市崔家坝镇向家老宅

续表

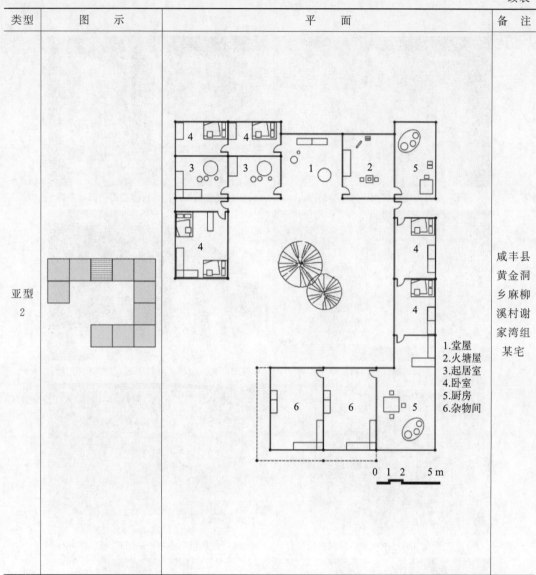

类型	图示	平面	备注
亚型2		1.堂屋 2.火塘屋 3.起居室 4.卧室 5.厨房 6.杂物间	咸丰县黄金洞乡麻柳溪村谢家湾组某宅

五、店居型

店居型平面是土家族吊脚楼中较为特殊的平面类型,也为"一"字形平面。店居型平面不过于追求中轴对称、堂屋等形制,临街面一般不设吊脚。排列于街道两侧的诸多店居型吊脚楼,通常短边临街道,并向纵深方向发展,临街一侧的房间被改造为铺面。建筑之间可以小巷分隔,又或者两处建筑山墙紧紧相邻(见图2-12)。店居型平面一般分为"前店后宅""下店上宅""上店下宅"等(见表2-12)。

(a) 宣恩县椒园镇庆阳坝村凉亭街街道

(b) 宣恩县椒园镇庆阳坝村凉亭街铺面与斜撑

(c) 宣恩县椒园镇庆阳坝村凉亭街柜台

(d) 恩施市龙凤镇杉木坝村店居式建筑沿街立面

(e) 恩施市龙凤镇杉木坝村店居式民居柜台

(f) 恩施市龙凤镇杉木坝村店居式民居内部空间

(g) 恩施市龙凤镇杉木坝村老街街巷空间

(h) 恩施市龙凤镇杉木坝村老街店居立面

图 2-12 店居型民居建筑实景图

表 2-12 武陵山区土家族吊脚楼店居型平面类型表

类型	平 面	特 点	备注
前店后宅	1.铺面 2.起居室 3.卧室 4.厨房 5.储藏室	前为店铺，后为住宅，实用性强，分布最广泛	恩施市龙凤镇杉木坝村某宅
下店上宅	首层平面 / 二层平面 1.铺面 2.起居室 3.卧室 4.厨房 5.储藏室	下为店铺，上为住宅，实用性强	恩施市龙凤镇杉木坝村某宅
上店下宅	首层平面 / 二层平面 1.铺面 2.起居室 3.卧室 4.厨房 5.储藏室	上为店铺，下为住宅，数量最少	宣恩县椒园镇庆阳坝村某宅

第三节 吊脚楼平面组合

一、平面组合形式

吊脚楼组合方式大致可分为横向发展和纵向发展,横向发展增加面阔,纵向发展增加进深。常见的办法是根据地形和使用要求将五种基本平面类型进行两两组合,如横屋与横屋串联、撮箕口在厢房处再接横屋等,这种组合方式一般出现在面阔长而进深短的场地,房屋需要增筑时纵向场地受限转而向横向拓展。若场地不受纵向限制,通常采用以天井分隔的办法增筑,也有一些吊脚楼先增筑房间,扩大天井面积后,再相互连接(见图2-13、表2-13)。

(a) 宜恩县彭家寨民居组合

(b) 宜恩县高罗镇火烧营村民居组合

(c) 咸丰县甲马池镇马家沟村王母洞民居组合

(d) 咸丰县高乐山镇白果坝村民居组合

图 2-13 民居建筑的平面组合实景图

表 2-13 武陵山区土家族吊脚楼平面组合案例

编号	图示	平面	特点	地点
1		1.堂屋 2.火塘屋 3.起居室 4.卧室 5.厨房 6.杂物间	座子屋横向扩展,两个单体吊脚楼串联,通常为两家人共用	咸丰县清坪镇大石坝村田沟湾某宅

续表

编号	图示	平面	特点	地点
2			撮箕口型吊脚楼厢房部分再接横屋,通常在受地形限制无法增筑为四合水时采用 1.堂屋 2.火塘屋 3.起居室 4.卧室 5.厨房 6.杂物间	咸丰县活龙坪乡水坝村某宅
3			同样出现在增筑受地形限制的情况下,在地形进深短而面阔长的时候采用 1.堂屋 2.火塘屋 3.起居室 4.卧室 5.厨房 6.杂物间	咸丰县甲马池镇新扬村某宅
4			若干平面单元沿横向和纵向扩张后,通过若干小天井联系在一起,根据地形决定扩展方向 1.堂屋 2.火塘屋 3.起居室 4.卧室 5.厨房 6.杂物间 7.卫生间	恩施市崔家坝镇向家老宅

二、平面组合规律

土家族吊脚楼建筑群的平面组合不仅仅遵循纵轴对称原则,还体现了主从序列、虚实对比、转折过渡方面的组织规律。

(一)主从序列规律

吊脚楼组合不论是简单型还是复杂型,都体现了明确的主从关系和空间序列。主从关系体现于建筑轴线和空间的区别上,如恩施市龙凤镇杉木坝村尹家大屋的大型吊脚楼建筑在建造时必须先确定建筑的主轴和次轴,体现"择中"的礼制思想。排列房屋时,沿轴线展开,突出堂屋及堂屋所对天井的核心地位,其他房间和小天井在等级和位置上次之。在空间层次上,越纵向深入,私密性越高,空间收缩感越强,从而形成主次明确、循序渐进、有主有从的空间特征(见图2-14)。

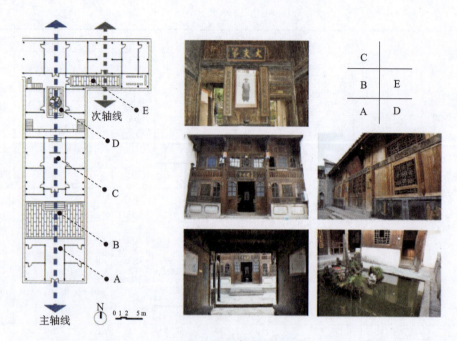

图 2-14　吊脚楼的主从序列

（二）虚实对比规律

虚实对比规律主要体现在建筑平面的开敞空间与虚实空间的相互成就上。以利川市柏杨坝镇水井村李亮清庄园为例，从整体上看，建筑院墙界定内外，形成内外有别的封闭平面环境，院内大小房间又围合成天井与外部空间交融。从局部上看，局部封闭空间主要指天井四面由墙或门窗围合成的房间，而堂屋、厅为半封闭半开敞空间，天井则是开敞空间。这些或开敞或封闭的空间形成虚实对比，构成吊脚楼平面隔而不断、开合连续的空间形态，既满足建筑各房间的采光通风需求，在营造建筑内部景观和空间层次方面，也有从封闭到开敞、从低调到高潮的精彩效果（见图 2-15）。

（三）转折过渡规律

转折过渡规律主要体现在廊檐等灰空间和门洞等转折节点的处理手法上。廊檐等灰空间为半开敞空间，可为居民提供读书、聚会、交通等半户外活动空间，也有扩大雨天活动范围的作用。门洞等转折节点则在平面组合中避免了完全直视的呆板，增加了平面布局的灵活性。例如，从李亮清庄园的朝门进入建筑内部时可以发现，朝门与建筑中轴线并不在一条直线上，因此空间发生了横向转折，转折或通过道路相连，或通过不规则院落相连，赋予建筑活泼有趣的空间环境。

三、平面组合案例

武陵山区仍保有众多大型民居建筑，亦称"庄园建筑"，指当地大家族住宅，其建筑平面由民居建筑四种基本平面按横向和纵向的规律发展而来,通常为较为复杂的多进院落。武陵山区庄园建筑形态受到汉文化影响,除保留部分中小型吊脚楼民居构造特点外,大部分已不设吊脚,体现了汉文化与土家族文化的有机结合,代表建筑有蒋家花园、李亮清庄园和李盖五庄园。

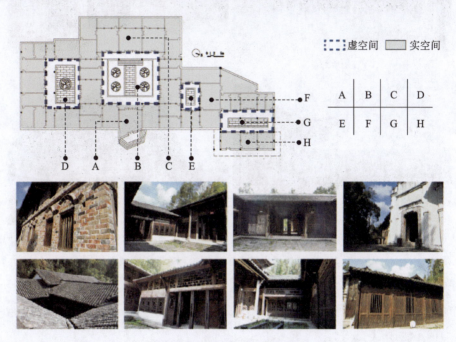

图2-15 吊脚楼的虚实对比

(一)蒋家花园

蒋家花园位于咸丰县甲马池镇新场村,为湖北省文物保护单位,周围人户众多、交通便捷。该建筑属清代建筑,建于19世纪初,修建者为当地富商蒋克勤。该建筑为全木构架,是鄂西现存最大的吊脚楼建筑,现存房屋94间、天井3个、花园1个,占地总面积约4800平方米(见图2-16)。

蒋家花园原本平面为五天井抱中央四合院形制,现仍保有两进中央院落。建筑坐北朝南,中轴对称,正中为进院大门,左右各有正屋3间,转角楼1间,撮箕口平面,呈"凹"字形。通过其门厅到达青石铺地的天井,中间砌有一圆形花台,蒋家花园得名于此。天井北侧有戏台1座,其他三边均为两层阁楼。戏台后北侧为堂屋,屋内设置神龛,是主人会客、祭祀祖先、训示子孙等的重要场所。天井正面左右各有一条通道,两通道各有两道朝门(见图2-17)。

(二)李亮清庄园

李亮清庄园又名"李氏庄园",位于利川市柏杨坝镇水井村,为全国重点文物保护单位大水井古建筑群的组成部分。建筑坐西北朝东南,占地面积约6000平方米,有房屋174间,大小天井24个,房屋多为2~3层,是武陵山区珍贵的历史建筑文化遗产(见图2-18)。

(a) 内天井　　　　　　　　　　　　(b) 正屋

(c) 前坝　　　　　　　　　　　　(d) 厢房

图 2-16　咸丰县甲马池镇新场村蒋家花园实景图

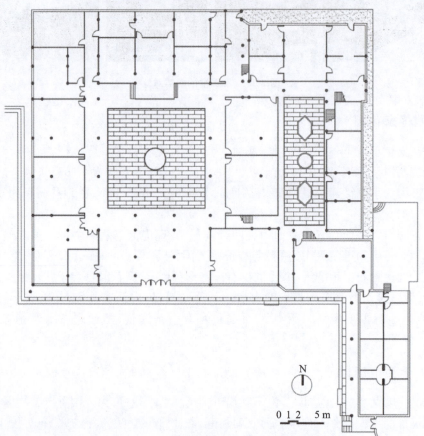

图 2-17　咸丰县甲马池镇新场村蒋家花园平面图

(a) 入口立面　　(b) 西式立面
(c) 东侧立面　　(d) 入口朝门
(e) 首进院落　　(f) 花厅
(g) 西式风格前廊　　(h) 东侧小姐楼
(i) 厢房立面　　(j) 西侧黄氏旧宅

图 2-18　利川市柏杨坝镇水井村李亮清庄园实景图

李亮清庄园建筑主体为三进四厢,坐北朝南,朝门建于东北,与正屋中轴线呈45°夹角,建造者讲究堪舆,取"龙跃大海"之意。建筑受地形影响限制较大,分东、西、中3个部分,主轴线所在的中间区域中轴对称,西侧和东侧建筑群随地形不规则排布平面(见图2-19)。有左、右两路两进院落,通面阔26 m,通进深35 m,条石筑基,或硬山或四面坡灰瓦顶木结构房屋,穿斗式构架,一般分上、中、下3层,屋顶高低错落。中、东部为李氏扩建,首进院落约400平方米,地面用规格统一的平板青石铺就。前、后两进院落沿主要轴线由低到高依次排列三大殿,分别为门厅、花厅与正房,均面阔九间约31.5 m,分别进深4 m、4.8 m和6.5 m,单檐硬山灰瓦顶砖木结构,前、中堂为抬梁式构架,后堂为抬梁、穿斗混合构架,分上、下两层。东侧东部布局不规则,依山势而建,现仅存4个天井院。东部建筑群的南侧院落正对小姐楼,为2~3层楼房,内部空间开阔,是小姐们日常活动的场所。小姐楼楼阁高出其他屋面,便于通风和观景,建筑样式新颖,一柱六梁的格局十分独特。

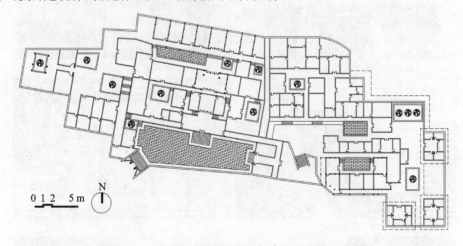

图2-19 利川市柏杨坝镇水井村李亮清庄园平面图

(三) 李盖五庄园

李盖五庄园位于利川市柏杨坝镇高仰台村,为全国重点文物保护单位大水井古建筑群的组成部分。李盖五庄园始建于1942年,是李氏最后一任族长李盖五所建的私人宅院,取"高山仰止"之意,又名"高仰台"。建筑主体由正院、南院、北院、小姐楼及偏院共60余间房屋组成,庄园总占地面积约2500平方米(见图2-20)。

李盖五庄园坐西面东,共两进四院,以各院落为核心对称布局(见图2-21)。建筑进深则因背面山势凸凹各有不同,平面正中为正院,其进深最大,南院、北院进深相对略小,建筑整体平面大致呈"凸"字形。正面门楼和外立面窗扇门楣均融入了西式建筑特点。正院面阔五间约23.7 m,进深两进约26.7 m,两侧设厢房,厢房面阔约9.8 m,进深约5.16 m。除前厅明间、主堂明间、前厅右次间外其余均为两层,主堂左侧稍间及外廊右侧设木楼梯。建筑左侧为南院,院中有花池,故又称"花厅",中间设天井。南院前、后为两进两层厢房,面阔一间约6 m,分别与正院前厅、正堂相连,总进深20.2 m。正院南侧为小姐楼,北侧与正院厢房相接,除小姐楼为三层外,南院其余各间均为两层。小姐楼由主楼及两侧搭接的配房组成,主体三层,总面阔约19.7 m,进深约7.8 m,配房两层,屋顶与主楼形成三步水的腰檐,配房分别于南院东、西厢房相连。建筑右侧为北院，同样为两进两开间，面阔两间约 9 m，进深约 13.7 m，中间设天井，前、后厢房分别与正院前厅、厢房相连，院子南侧与正院厢房相接，北侧设厢房。北院北侧设有偏院，两进两层，面阔三间约 14 m，进深约 15 m，与北院厢房搭接。

(a) 庄园全貌　　　　　　　　　(b) 北侧立面

(c) 南侧小姐楼及配房　　　　　(d) 正立面

(e) 南侧立面　　　　　　　　　(f) 背立面

(g) 前檐斜撑　　　　　　　　　(h) 正院檐檩

图 2-20　利川市柏杨坝镇高仰台村李盖五庄园实景图

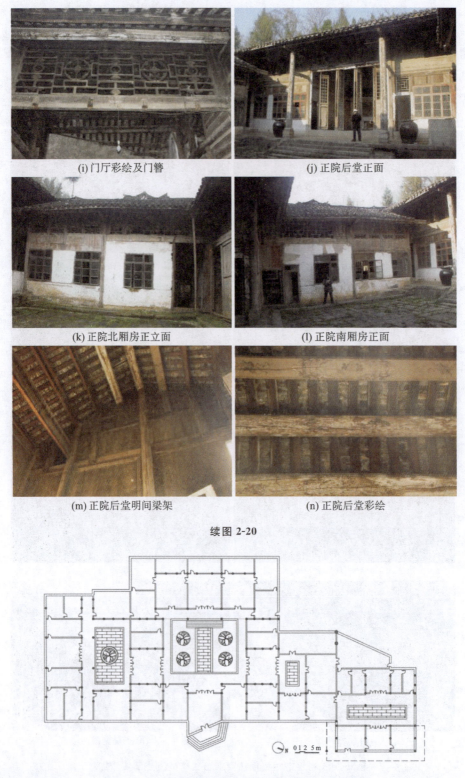

(i) 门厅彩绘及门簪　　(j) 正院后堂正面

(k) 正院北厢房正立面　　(l) 正院南厢房正面

(m) 正院后堂明间梁架　　(n) 正院后堂彩绘

续图 2-20

图 2-21　利川市柏杨坝镇高仰台村李盖五庄园平面图

第三章　土家族吊脚楼立面

土家族吊脚楼是一种从杆栏式建筑发展而来的杆栏式与穿斗式相结合的"半杆栏式"建筑。中国最早的杆栏式建筑可追溯至新石器时代前仰韶时期的河姆渡文化（5000—7000 年前），是人类从树上走到树下、由巢居到地面居住发展的结果[①]；从蕲春毛家咀遗址等考古发现来看，最迟到西周早期，长江中游地区已经出现了杆栏式建筑[②]。经过数千年的传承和发展，土家族吊脚楼仍然保留了"杆栏式"这一独特的建筑形式，体现了"平地才应一顷余，阁栏都大似巢居"（唐代元稹《酬乐天得微之诗知通州事因成四首》）的外部特征。

立面，是指建筑内外空间界面的外部形象。从外部看，土家吊脚楼突出的两大特征是半围合的院落和架空悬挑的龛子。院落布局分为座子屋、钥匙头（一头吊）、撮箕口、四合水等，龛子包括单吊、双吊、二层吊、平地起吊等类型。两者的类型间并非一一对应的关系，往往因地制宜，灵活多变，形成多种组合方式和形态。

土家族吊脚楼立面特征可归纳为三点：其一，纵向上虚实对比，吊脚楼底部架空、凌空而立为虚，中部悬挑、围合为实，辅以错落的屋面，呈现出强烈的"阁栏都大似巢居"的外观形态；其二，横向上动静结合，吊脚楼正屋犹如虎坐台地，庄重稳定，龛子向外悬挑，飘逸灵动，形成鲜明对比；其三，与自然相融和谐，吊脚楼的建造取材于自然，保留了原始材料的色彩和机理，结合自然优美的立面形态，勾勒出形似中国画的意象和神韵。

第一节　吊脚楼立面的组成

空间组合是立面形成的根本逻辑，在立面分类中，各地区吊脚楼类型具有相对稳定的、相似的模块化基础，它独立于地区、民族、技术等范畴变化之外，同时，这种稳定性也保证了文化意义的持续性。

正屋和龛子（厢房）组成了千姿百态的土家族吊脚楼。正屋作为主体，一般为三开间，包括中间堂屋和两侧次间厢房（一般称为"人间"）。就立面而言，堂屋、人间、龛子的形态特征各不相同，故立面的组成可分为三个模块。以此为依据，宏观上，对吊脚楼的不同形制，即组合方式进行分解：座子屋由正屋与两侧人间组合而成，如表 3-1 所示；钥匙头和撮箕口的构成相同，包括正屋、人间、龛子，如表 3-2 所示。微观上，相对固定的组合方式下，三个模块中正屋和龛子的类型丰富，这正是吊脚楼立面丰富多彩的根本所在。

---

① 张良皋：《匠学七说》，中国建筑工业出版社，2002 年。
② 邓蕴奇，李长盈，吴晓：《唐崖遗址传统民居的保护与利用》，三峡论坛，2014 年第 4 期。

表 3-1　座子屋图解

名　称	座　子　屋		
实景图	咸丰县小腊壁村座子屋民居		
立面简图			
模块	人间	堂屋	人间

表 3-2 钥匙头图解

名称	钥匙头
实景图	咸丰县小腊壁村钥匙头民居
立面简图	
模块	人间　　堂屋　　人间　　龛子

一、正屋

吊脚楼正屋的类型,按照开间数和层数可作横向分类与竖向分类。横向分类中,有三开间、五开间、七开间,均为堂屋居中,两侧为火塘、居室等,数量不一。小户人家常见的多以四排扇三间屋为主,大、中户人家多为六排扇五间屋,有的甚至可以达到长七间。竖向分类中,正屋常见层数为一层或二层,但也有多层的情况。

(一)堂屋

堂屋是吊脚楼的主入口和核心空间,屋顶上部多有脊饰。其类型仅有层数区别,开间数量与正屋两侧房屋相关,模块如表 3-3 所示。

表 3-3 堂屋图解

名 称	一 层 正 屋	二 层 及 多 层 正 屋
模块		
实景图	宣恩县高罗民居	咸丰县当门坝村民居

(二)人间

堂屋左右两间为火塘和居室。人间的间数,同正屋的开间和正屋的规模相对应。不同开间数的正屋中,人间的相对位置有所差异,模块如表 3-4 所示。

表 3-4 人间图解

名 称	左 侧	中 部	右 侧
模块(一层)			

续表

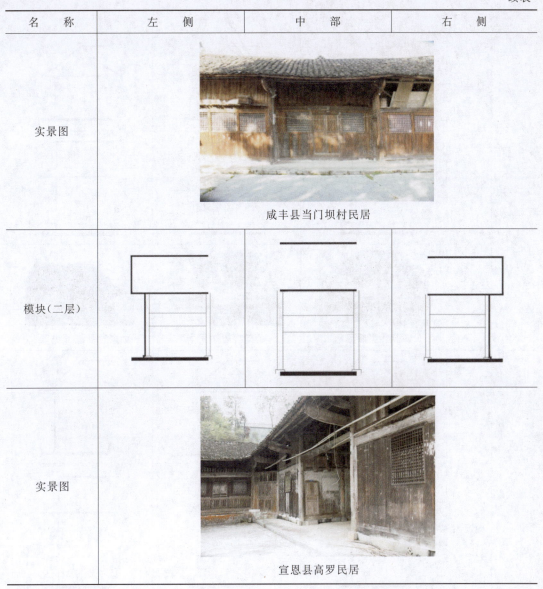

二、龛子

龛子，即转角厢房，形象醒目突出，是土家吊脚楼最精彩、最有特色的部分。龛子一般垂直于正屋而设，前端架空，由立柱支撑楼板，顶部大多盖有歇山造型的罨檐。龛子下部或堆放碓磨、杂物，或蓄养猪牛，或用作碓磨房；中部外设走廊，向外悬挑，围绕厢房的单面、两面或三面都有实例，两面称"转角楼"，三面称"走马楼"，也有少部分龛子无廊；上部的罨檐又可以分为起翘和不起翘两种，龛子复杂的构成方式使吊脚楼拥有丰富的立面，以下是其中几种龛子的模块图，如表3-5所示。

表 3-5　龛子图解

名　称		走　马　楼	转　角　楼	尽　端　廊
一层	正立面			
	侧立面			
	实景图	咸丰县唐崖民居	咸丰县唐崖民居	宣恩县高罗民居
二层及多层	正立面			
	侧立面			
	实景图	咸丰县小腊壁村民居	宣恩县两溪河村卢家院子民居	宣恩县高罗民居

第二节 吊脚楼立面的类型

土家族吊脚楼的起吊和组合方式决定了外部形态类型,相对而言,同一类型的组成模块和连接方式相近,但又因起吊方式和正屋、龛子(厢房)形制做法的灵活多变,其整体上呈现出丰富的形态外观。

一、座子屋

座子屋,又称"一字屋"或"虎坐式",一般常见的为三开间,悬山顶,可以单独居家使用。三开间的座子屋,中间一间为堂屋,有的在中间设"吞口"(即在大门前留一步水,约合70厘米),吞口后是堂屋,或有的堂屋直接开敞,不设槅扇。座子屋以三开间较为常见,还有四开间、五开间等;有部分座子屋坐落于台地或坡地上,正屋一侧起吊;或有的座子屋两层,在正面第二层有沿廊悬挑,或在尽端有观景廊伸出,形成二层吊;而在湖南龙山县洗车河村,也有座子屋整体起吊的类型等。

(一)座子屋的开间

吊脚楼的开间,大致可以分为三开间、四开间、五开间等,且座子屋大多坐落于平地上,但也有部分特殊的坐落于坡地或台地上,形成一端起吊。屋顶形式为悬山顶,中间一间为堂屋,堂屋又可以分为三种类型:①不设"吞口",堂屋封槅扇;②设"吞口",堂屋封槅扇;③堂屋开敞,不设槅扇,其平面形式如表3-6所示,这种类型的吊脚楼是较为常见的类型,也是吊脚楼演变的基础。

表3-6 堂屋类型

正屋类型	平面图	实景图
不设"吞口"		

宣恩县高罗民居

正屋类型	平面图	实景图
设"吞口"		咸丰县小腊壁村民居
"堂屋开敞"		宣恩县高罗民居

三开间座子屋的立面模块构成主要由堂屋和两侧人间组合而成,如表3-7所示。恩施咸丰县小腊壁村的座子屋大多都在一侧建拖屋,通常拖屋用来作厨房或储存柴火。常见的座子屋堂屋室外铺有平坝,与房屋在同一水平面上,供室外活动。

表 3-7 三开间的座子屋

名 称	宣恩县高罗民居三开间
实景图	

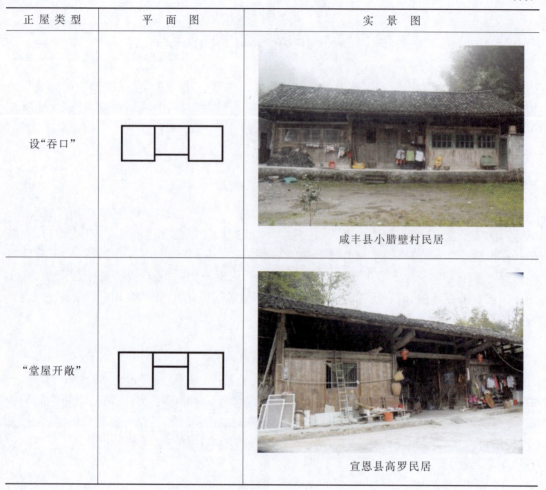

续表

名　　称	宣恩县高罗民居三开间
立面图	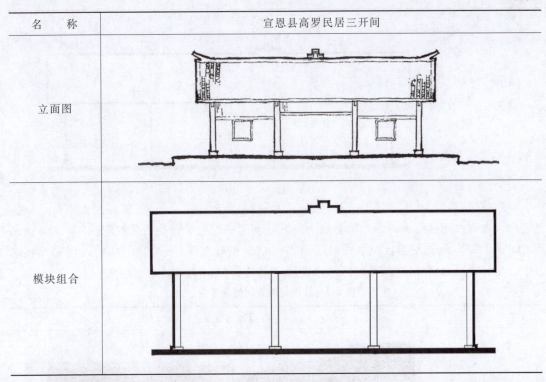
模块组合	

开间为偶数的座子屋较为少见，其立面模块构成主要由堂屋、侧屋和两侧人间组合而成，如表 3-8 所示。

表 3-8　四开间的座子屋

名　　称	宣恩县高罗民居
实景图	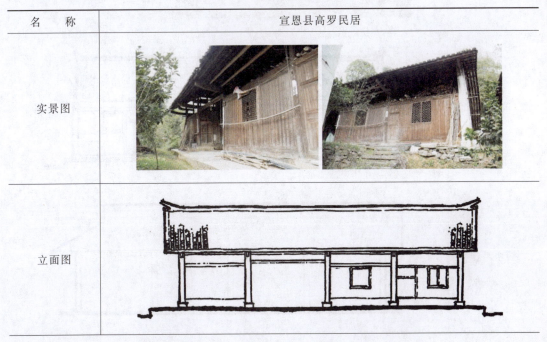
立面图	

续表

名 称	宣恩县高罗民居
模块组合	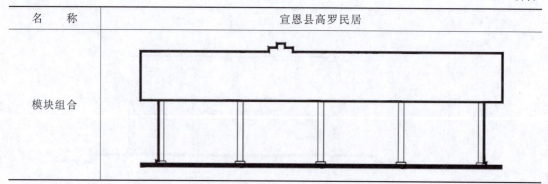

在宣恩县高罗街,还发现了一种特殊的四开间组合形式的座子屋,其左侧人间是正常的悬山顶,右侧人间类似于一个无廊的龛子与三开间座子屋的平行组合,屋顶形式类似于歇山顶,如表3-9所示,这种组合类型在咸丰县当门坝村也有发现,不过当门坝村民居的开间达到六开间,除这两例外,在其他地区从未发现过这种类型。

表3-9 特殊的四开间的座子屋

名 称	宣恩县高罗民居
实景图	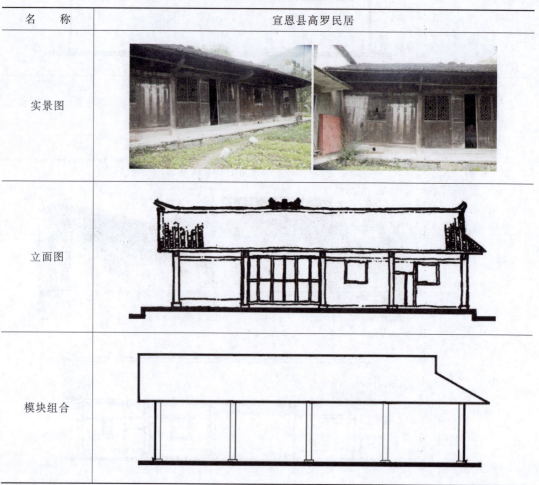
立面图	
模块组合	

吊脚楼开间多为奇数，主入口设在正屋，左右两边对称布置，这也是座子屋较为常见的类型，所以常见的座子屋以三开间、五开间为主，少数达到七开间。按照吊脚楼围合起来的趋势，基本达到三开间和五开间之后就会由"座子屋"向"钥匙头"或"撮箕口"延伸。整体来说，三开间最为常见，五开间也有部分存在，如咸丰县当门坝村民居，就是五开间，如表3-10所示。七开间的座子屋不常见，仅有极少部分由于地势或地基的限制，形成规模高达七开间的座子屋，如宣恩县野椒园村张良成老屋，如表3-11所示。

表3-10　五开间的座子屋

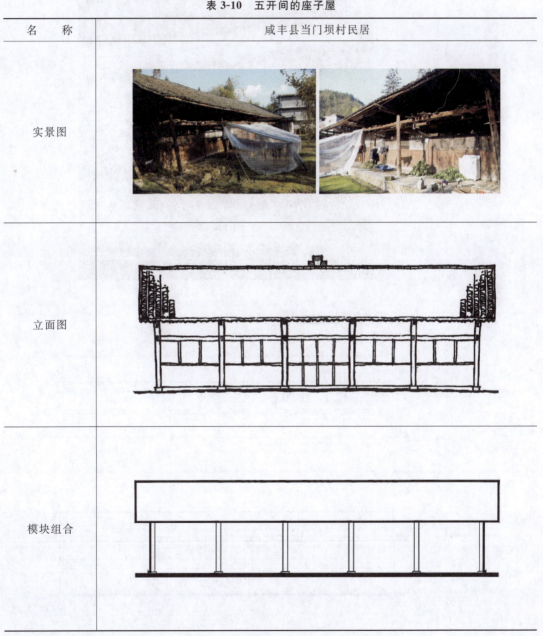

名　称	咸丰县当门坝村民居
实景图	
立面图	
模块组合	

表 3-11　七开间的座子屋

名　　称	宣恩县野椒园村张良成老屋
实景图	
立面图	
模块组合	

（二）座子屋的起吊

座子屋一般坐落于平地上，起吊较为少见，但也有部分吊脚楼因为地基、地势的客观位置限制或因建筑层数增加，而部分起吊。一般起吊方式有一头吊、平地起吊和二层吊式。在湘西永顺县双凤村甚至发现了整体起吊的样式，但相对于座子屋整体来说，起吊的座子屋较为少见。

1. 一头吊

座子屋的一头吊与"钥匙头"的一头吊有所区别，"钥匙头"的一头吊是指正屋一边的厢房伸出悬空，下面用木柱相撑；座子屋的一头吊是指正屋的一侧人间位于坡地或台地上，悬空一侧下方用木柱支撑；其二者实质都是以木柱撑起悬挑的部分，"钥匙头"支撑的是龛子即厢房，而座子屋的一头吊是用木柱撑起悬空的正屋部分，如表3-12所示。

表3-12　座子屋的一头吊

名　称	宣恩县高罗民居
实景图	

续表

名　称	宣恩县高罗民居
立面图	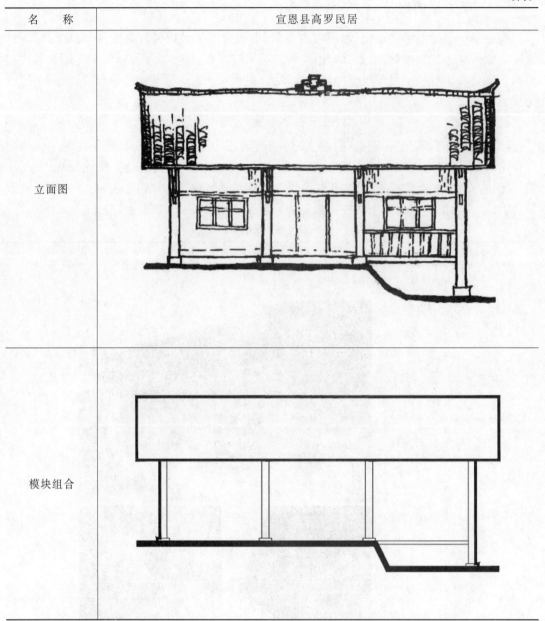
模块组合	

2. 平地起吊

平地起吊的座子屋主要特征是建筑建在平坝中，按地形本不需要吊脚，却偏偏在正屋一侧二层设计美人靠，走廊栏杆伸出悬挑。这种做法多见于湘西地区，是苗族、侗族的常见做法，这也跟其生活方式有关，苗族、侗族吊脚楼建筑空间一般较大，居住层中往往增设厨房、退堂使炊事与起居互不干扰，因此往往增设二层甚至三层用于居住和待客，居住功能也更为完善，其日常生活场所主要放在楼上，因此形成这种具有特色的立面形式，如表3-13所示。

表 3-13 座子屋的平地起吊

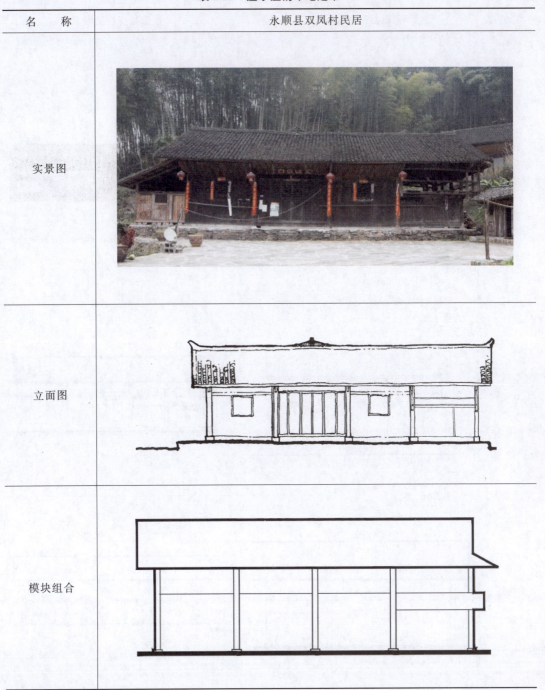

名 称	永顺县双凤村民居
实景图	
立面图	
模块组合	

3. 二层及多层吊式

这种形式是在单层座子屋基础上发展起来的,即在单纯吊脚楼上再加一层或多层,二层或多层形成沿廊悬挑,如表 3-14 所示,也是一种较为常见类型。

表 3-14 座子屋的二层吊式

名 称	宣恩县高罗民居 1	宣恩县高罗民居 2
实景图		
立面图		
模块组合		

4. 整体起吊式

座子屋的平地起吊主要特征是建筑建在平坝中,按地形本不需要吊脚,却偏偏将正屋整体抬起,以木柱支撑,如表 3-15 所示。前文提到苗族、侗族日常生活场所主要放在楼上,了解到这种生活文化,座子屋整体起吊形制就不难理解,但这种做法实际上较为少见。

表 3-15 座子屋的整体起吊式

名　称	龙山县洗车河村民居
实景图	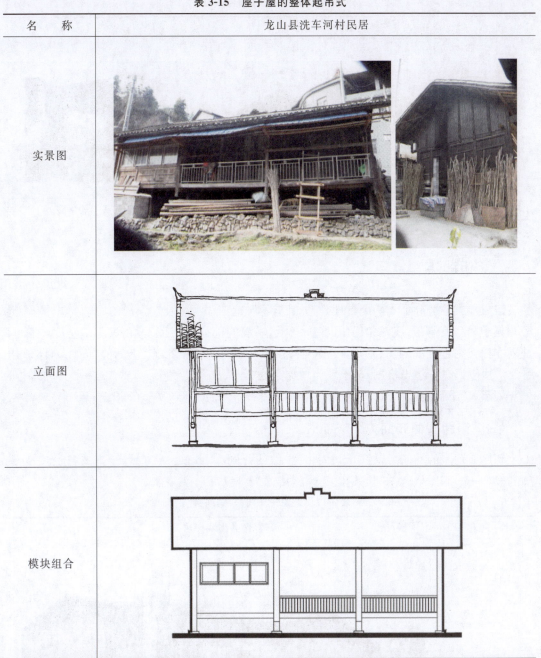
立面图	
模块组合	

（三）座子屋的屋顶

吊脚楼座子屋的屋顶形式多为悬山式，一般从侧面山墙来看，是对称的。但当正屋后部有进深较大的拖屋时，后部屋顶会比前部屋顶大很多，形成一种不对称的美感；也有在两坡悬山再加披檐的，披檐可以加在山墙一侧，也可加在山墙两侧，形成类歇山式屋顶，如表 3-16 所示。

表 3-16 座子屋的屋顶

名称	悬山式		类歇山式
	平开檐	大挑檐	
实景图	咸丰县小腊壁村民居	宣恩县高罗民居1	宣恩县高罗民居2

二、钥匙头

房屋根据地势分上下两个台地建造,正屋落在上一个台地,在正屋的一边转出横屋(厢房,"尧子"或"签子"),横屋和正屋同在一个水平面的部分与正屋垂直,其下地势比较低,于是以立柱架空上面的厢房,形成正屋一层,横屋两层"阁楼"的形态,上面的"阁楼"局部伸出悬空。由于只在一边出横屋,在土家当地称之为"一头吊"或"钥匙头"或"二合水",平面一般呈"⌐"形或"⌐"形。

(一)钥匙头的开间

钥匙头正屋的开间多以三开间为主,少数四开间、六开间。在宣恩县高罗,还有一个特殊的案例——正屋只有一间的钥匙头吊脚楼,如表 3-17 所示。

表 3-17 正屋一开间的"钥匙头"

名称	宣恩县高罗民居
实景图	

续表

名　称	宣恩县高罗民居
模块组合	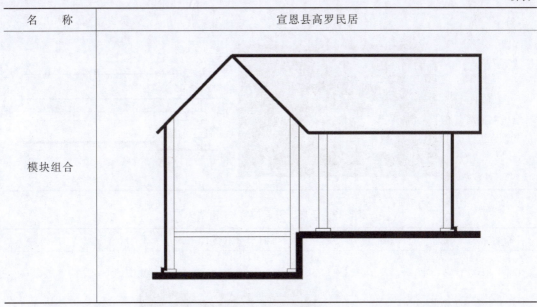

正屋三开间的"钥匙头"是较常见的类型,且形式多样,如表3-18所示。最常见的是正屋置于平地上,龛子置于坡地或台地,悬于空中,下部用木柱架空。但也有特殊的类型,以宣恩县高罗一个民居为例,其龛子置于平地上,而正屋中的右边侧屋加观景廊悬挑,屋顶加披檐,形成类似于龛子的类型,整体看就好像龛子与正屋平行相接,整个建筑不拘泥于形制,而是灵活连接,充满趣味性,如表3-19所示。

表3-18　正屋三开间的"钥匙头"

名　称	实　景　图	模块组合
宣恩县高罗民居	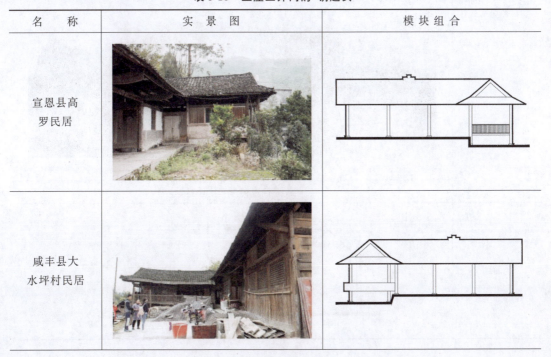	
咸丰县大水坪村民居		

续表

名　　称	实　景　图	模块组合
咸丰县小腊壁村民居		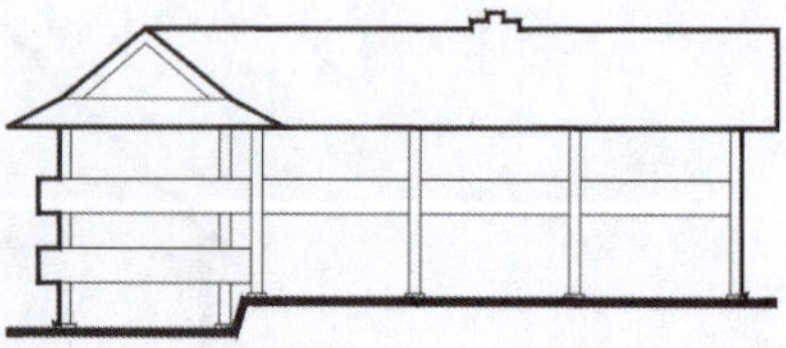

表 3-19　正屋三开间的特殊"钥匙头"

名　　称	宣恩县高罗民居	
实景图	民居立面	
	正屋右边侧屋（类似龛子）	
立面图		

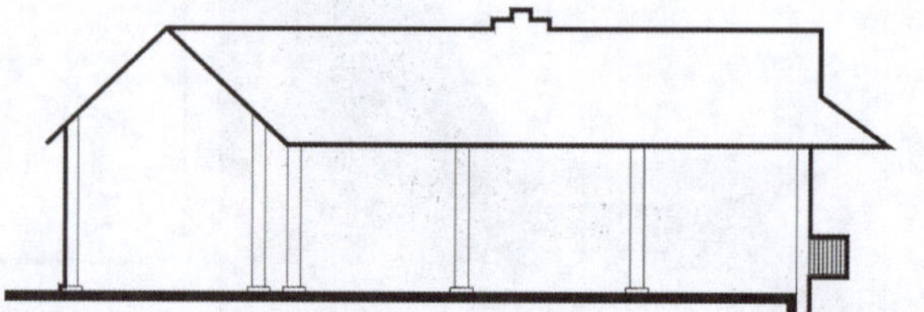

跟座子屋类似,"钥匙头"的正屋开间一般为奇数,保持左右对称,偶数开间也有存在,从吊脚楼座子屋到"钥匙头",再到"撮箕口""四合水"和"窨子屋"是一个逐渐围合起来的过程。"钥匙头"作为围起来的第一个阶段,本身就代表着横向空间向着竖向空间转变。由于空间的延展,横向正屋就不会再进行大规模扩张,所以正屋四开间就比六开间要常见得多。这样的横向与竖向,既保证了功能空间的可达性,也维持了建筑的整体协调感。但是又由于龛子的存在,偶数开间中,与龛子最远的侧屋和龛子也能达到一种空间体量上的平衡感,整体来说,"钥匙头"的正屋偶数开间的案例比"座子屋"偶数开间的例子要常见,如表3-20、表3-21所示。

表3-20 正屋四开间的特殊"钥匙头"

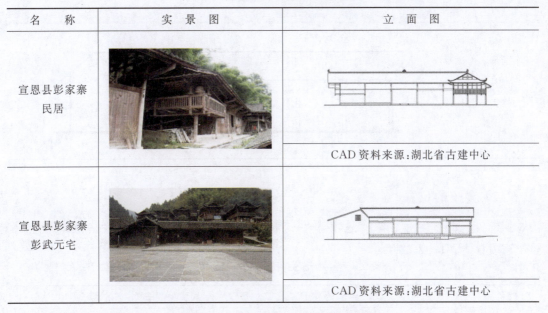

表3-21 正屋六开间的特殊"钥匙头"

续表

名 称	湘西龙山捞车河村民居
实景图	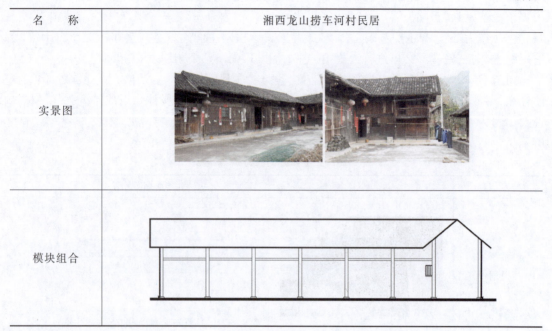
模块组合	

（二）龛子的位置

钥匙头主要分为"┐"形或"┌"形。"┐"形态的龛子位于正屋的左侧，"┌"形态的龛子位于正屋右侧，如表3-22所示。

表3-22　龛子与正屋的位置关系

名称	"┐"形态的龛子	"┌"形态的龛子
实景图	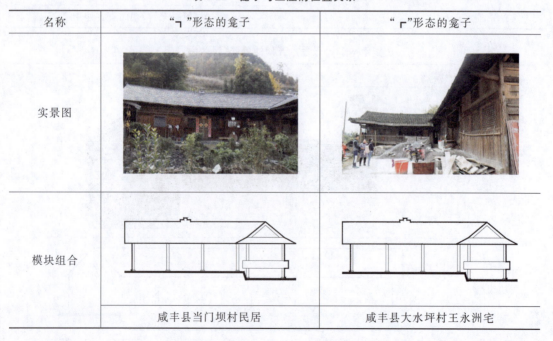	
模块组合		
	咸丰县当门坝村民居	咸丰县大水坪村王永洲宅

（三）龛子与正屋的连接方式

作为与正屋形成围合的转角厢房，土家族吊脚楼也有十分鲜明的本民族特色。一般合院建筑的厢房与正屋是断开的，空间和结构上都不相连，如汉族地区的北京四合院以及少数民族地区云南白族的"三坊一照壁"等。土家族吊脚楼不同于一般合院建筑的厢房，不但空间和结构上要与正屋相连，形成所谓"转弯抹角"，而且审美心理上以之为荣。为此空间上要增设一间抹角屋，俗称"马屁股"，这种厢房称"抹角厢房"，但也有的龛子直接插入人间，成为"杵杵厢房"，如表3-23所示。

表3-23 龛子与正屋的不同连接方式

名　　称	咸丰县小腊壁村民居"抹角厢房"	宣恩县高罗民居"杵杵厢房"
实景图		
模块组合		

（四）"钥匙头"的起吊方式

"钥匙头"起吊的普遍形式是单吊式，正屋横坐在平地上，龛子底部悬空；当龛子是三层，上两层伸出悬空时，就变成二层吊式，以此类推，多层吊式即是在单吊式基础上，增加悬空层数而形成多层吊。除此之外，有些"钥匙头"整体坐落于平地上，并不起吊，有的在平地上抬高龛子，形成平地起吊；有的厢房不起吊，而正屋起吊；也有一些是龛子和正屋都起吊的混合式，所以"钥匙头"的起吊方式并不局限于单吊式，而是丰富多样的。

1. 单吊式

单吊式是"钥匙头"最常见的起吊方式，单吊式"钥匙头"大多坐落于台地或坡地上，正屋横卧在平地上，而龛子则伸出架在台地或坡地上，如表3-24所示。

表 3-24 单吊式"钥匙头"

名　　称	咸丰县唐崖民居
实景图	
立面图	
模块组合	

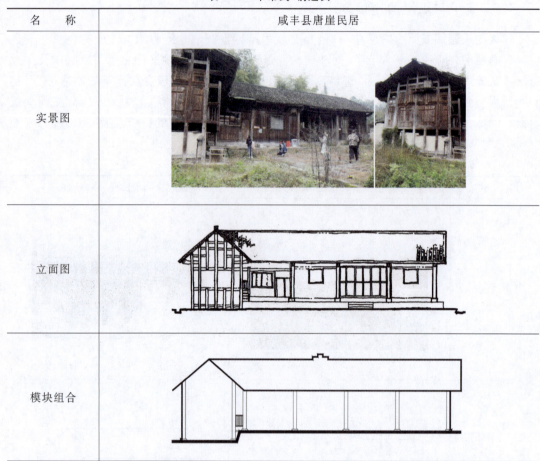

2. 二层吊或多层吊式

"钥匙头"的二层吊或多层吊式,是由单吊式演变而来,当土家人受到宅基地面积限制和地势限制,无法在横向或纵向增加建筑面积时,只能在竖向增加建筑面积,所以形成了二层或多层吊脚楼,而龛子又坐落于台地或坡地上,所以多形成二层或多层沿廊起吊;而由于增加了层数,正屋二层有时也会形成悬挑的沿廊,形成平地起吊,如表 3-25 所示。

表 3-25 二层吊或多层吊式"钥匙头"

名　　称	实　景　图	立　面　图
咸丰县小腊壁村民居		

3. 不起吊

它是指"钥匙头"坐落于虎座上,而正屋与龛子都直接落在平地上,并不起吊,如表3-26所示。

表3-26　不起吊式"钥匙头"

名　称	实　景　图	立　面　图
宣恩县 野椒园村 张华国老屋		
	照片来源:湖北省古建中心	CAD资料来源:湖北省古建中心

4. 龛子不起吊,正屋起吊

这种起吊方式的"钥匙头"较为少见,正屋大致有两种起吊方式:正屋二层,二层檐廊悬挑,形成平地起吊,如表3-27所示;正屋一侧伸出沿廊起吊,或正屋一侧起吊,形成正屋一头吊,如表3-28所示。

表3-27　正屋二层檐廊悬挑,形成平地起吊

名　称	实　景　图	立　面　图
咸丰县 小腊壁村民居		

表3-28　正屋一头吊

名　称	宣恩县高罗民居
实景图	

续表

名　　称	宣恩县高罗民居
实景图	

三、撮箕口

撮箕口即在正屋的两边同时向前方转出横屋，横屋前端悬吊，一般采用左右对称的做法。可以看作是一个"钥匙头"的形态另外一头添加了一个横屋，是从单吊式发展出来的形态。如果家庭经济条件许可，土家人一定要想办法把两边都吊起来。双吊式的平面呈"⌐⌐"形，又称为"双头吊"或"三合水"，也有的在撮箕口上立"朝门"，形成更加完整的领域。双吊式正面同样铺有一个平坝，这个平坝也分两种情况——与正屋在同一水平面或者与厢房底层在一个平面。

（一）正屋的开间

撮箕口形态的吊脚楼，正屋两边同时出龛，形成对称。因此，为追求对称美，最常见的正屋开间数一般是为三间（见表 3-29），且该形式到达围合的第二个阶段，正屋规模都不会太大，四开间（见表 3-30）、五开间（见表 3-31）、六开间（见表 3-32）、七开间（见表 3-33）等情况较少，甚至咸丰县刘家院子，为求重点突出龛子的形态美，正屋规模缩短至两开间，如表 3-34所示。

表 3-29　"撮箕口"正屋三开间

名　　称	咸丰县唐崖民居
实景图	

续表

名　称	咸丰县唐崖民居
立面图	

表 3-30 "撮箕口"正屋四开间

名　称	宣恩县高罗民居
实景图	
立面图	

表 3-31 "撮箕口"正屋五开间

名　称	来凤县社潭溪村民居
实景图	

续表

名　称	来凤县社潭溪村民居
立面图	

表 3-32 "撮箕口"正屋六开间

名　称	宣恩县野椒园村张立军老屋
实景图	
	照片来源：湖北省古建中心
立面图	
	CAD 资料来源：湖北省古建中心

表 3-33 "撮箕口"正屋七开间

名　称	龙山县捞车河村民居
实景图	

续表

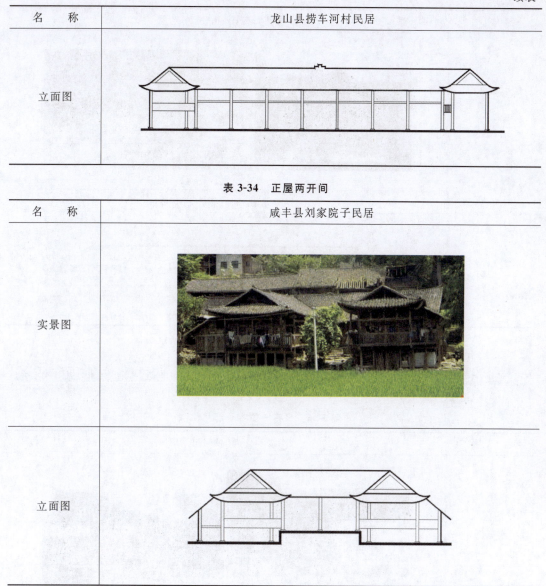

名　称	龙山县捞车河村民居
立面图	

表 3-34　正屋两开间

名　称	咸丰县刘家院子民居
实景图	
立面图	

（二）起吊

"撮箕口"龛子与正屋合围出一个开敞的院坝空间，可以作为劳作后小憩、红白喜事宴请、晾晒粮食等场地用。根据"撮箕口"的构成，其起吊方式取决于正屋的起吊和两端龛子的起吊的组合。

1. 正屋与龛子都不起吊

撮箕口的正屋与龛子都坐落于平地上，且都不起吊，比如宣恩县野椒园村张立军老屋，其正屋六开间不起吊，两端龛子也坐落于平地上，不起吊，如表 3-35 所示。

表 3-35　正屋与龛子都不起吊

名　　称	宣恩县野椒园村张立军老屋
实景图	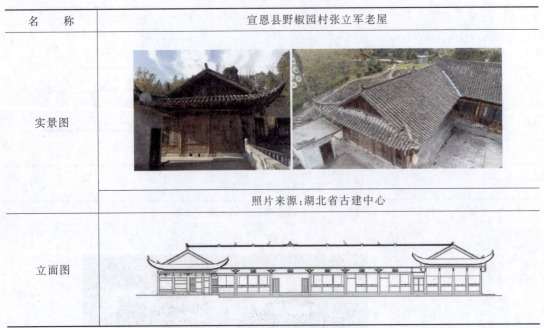 照片来源：湖北省古建中心
立面图	

2. 只有一侧龛子起吊

它是指两侧龛子，一侧置于平坝上不起吊，另一侧坐落于坡地或台地上，形成起吊，形成一头起吊，如表 3-36 所示。

表 3-36　只有一侧龛子起吊

名　　称	咸丰县当门坝村民居
实景图	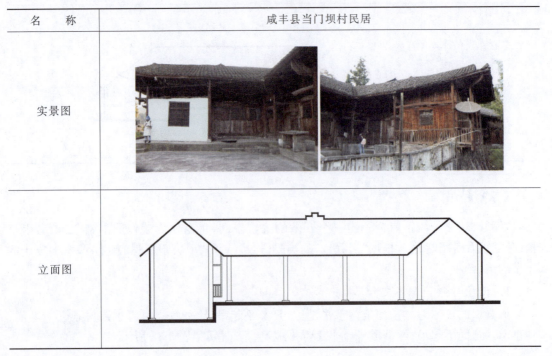
立面图	

3. 双吊式

两侧龛子坐落于坡地或台地上，向外伸出，形成双吊式，如咸丰县唐崖民居；或龛子坐落于平地上，但用柱子支撑，抬高龛子的高度，形成平地起吊加双吊式，如来凤县舍米湖村民居，如表 3-37 所示。

表 3-37 双吊式

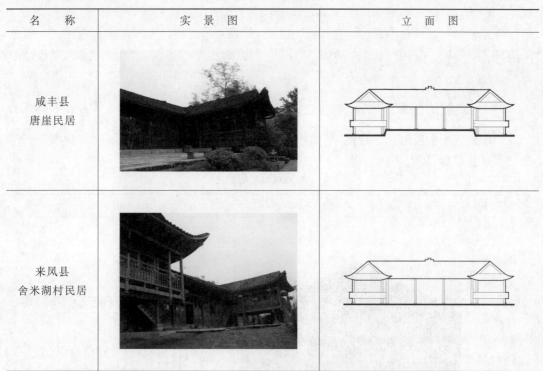

4. 两侧龛子起吊，正屋也起吊

正屋二层，正屋双侧二层伸出悬挑，而两侧龛子置于坡地或台地上，也起吊，形成一种特殊的形式——正屋平地起吊，龛子双吊式，如表 3-38 所示的咸丰县当门坝村民居，其正屋两侧人间二层部分伸出悬挑，在正屋前部形成沿廊，而两侧龛子也伸出起吊。

表 3-38 两侧龛子起吊，正屋也起吊

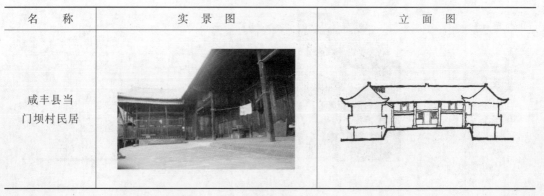

四、龛子

吊脚楼龛子一般以一层吊为主,少数为二层吊。架空并悬挑的龛子形成两面或三面的出挑走栏(走马转角楼),与中国古代传统的"平坐"的构造与形象十分类似,传统的"平坐"功能是"以利眺望"。而罳檐也是土家族吊脚楼的特点之一,罳檐在当地被称为"檐排子"。山墙雨搭延长到与两面悬山挑檐相接而交出岔脊,就成为吊脚楼标志性的造型特征——罳檐。吊脚楼龛子屋顶一般相对较为对称,但有时也会因为正屋或龛子后部带拖屋的缘故,形成披檐。

(一)龛子的层数

吊脚楼龛子一般为一层悬挑,下部以木柱支撑;但有时也会因为建筑层数的增加,形成二层吊或多层吊,如表 3-39 所示。

表 3-39 双吊式

名 称	实 景 图	立 面 图
宣恩县白果坝村民居龛子		
宣恩县高罗民居龛子		

（二）龛子的沿廊

吊脚楼的龛子一般都在外部设走廊，是一个悬挑出去的由两面或三面栏杆包围的观景走廊，两面称"转角楼"，三面称"走马楼"，统称"走马转角楼"，也有少部分龛子无廊，或龛子尽端无廊而一边有廊，或只有尽端有观景廊的情况。

1. 一边转角廊

龛子由两面沿廊包围，沿廊处于龛子尽端和靠近正屋一侧。也有龛子二层吊，如表 3-40 所示。

表 3-40　一边转角廊

名　称	转　角　楼	
立面图	宣恩县白果坝村民居龛子	来凤县茶岔溪村民居龛子
	一层吊式，恩檐不起翘	二层吊式，恩檐起翘
	咸丰县当门坝村民居龛子	咸丰县刘家院子
	一边披檐，恩檐起翘	一边披檐，恩檐不起翘

2. 两边转角廊

龛子由三面沿廊包围，这样的龛子在当地被称为"走马楼"，如表 3-41 所示。

表 3-41　两边转角廊

名　称	走　马　楼
立面图	宣恩县原彭家寨民居龛子 一层吊式,恩檐不起翘
	咸丰县唐崖民居龛子 一层吊式,恩檐起翘
	宣恩县彭家寨民居龛子(改建后) 二层吊式,恩檐起翘

3. 单边廊

单边廊可以分为两种情况:第一种是只有龛子尽端有观景廊,其余两边无廊;第二种则是龛子尽端无廊,靠近正屋一侧有廊,如表 3-42 所示。

表 3-42　单边廊

名　称	类　型	实景图	立面图
宣恩县高罗民居龛子1	尽端无廊,靠近正屋一侧有廊		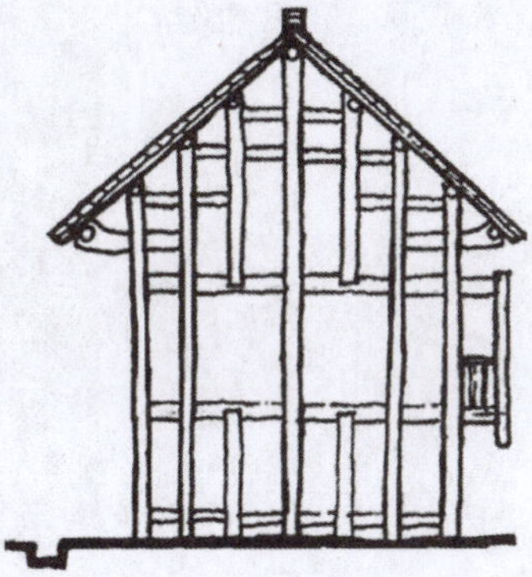
宣恩县高罗民居龛子2	尽端有廊		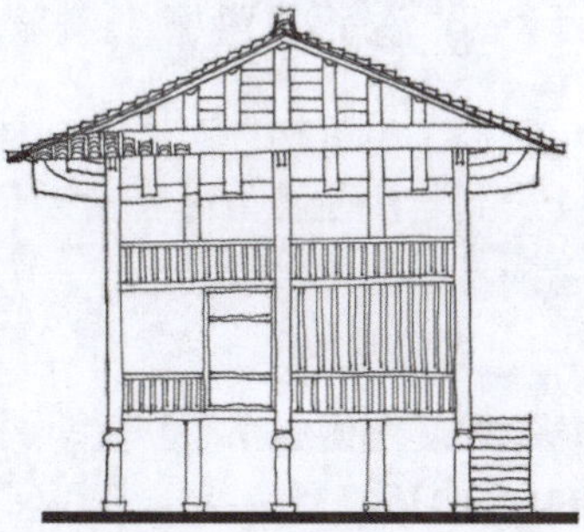

4. 无廊

无廊即龛子周围没有沿廊,如表 3-43 所示。

表 3-43　龛子无廊

名　称	类　型	实景图	立面图
宣恩县高罗民居龛子	龛子无廊不起吊		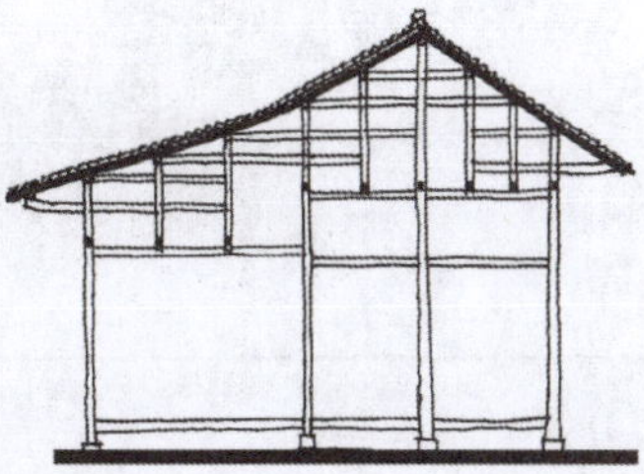

续表

名称	类型	实景图	立面图
恩施市中村民居龛子	龛子无廊起吊		

（三）龛子的罳檐

罳檐是吊脚楼标志性的造型特征之一，当吊脚楼的龛子在尽端有观景廊时，龛子山墙雨搭延长到与两面悬山挑檐相接而交出岔脊，就形成了罳檐。罳檐一般因地域不同，形成屋角起翘或不起翘两种形态。

1. 罳檐起翘

罳檐起翘的做法，是从龛子山墙两端金柱上端伸出一段很长的牛角挑，穿过沿廊栏杆外部的立柱，顶起屋角，整个结构系统形成一个完整的杠杆体系，如表 3-44 所示。

表 3-44 罳檐起翘

名称	实景图	立面图
咸丰县唐崖民居		

2. 罳檐平直

罳檐平直的做法，是龛子侧面山墙的两端檐柱上，垂直伸出两根牛角挑，顶住罳檐的檐下檩条，如表 3-45 所示。

表 3-45 罢檐平直

名　称	实　景　图	立　面　图
宣恩县 白果坝村民居		

3. 披檐

当吊脚楼的龛子一侧有拖屋，或有大尺度的檐廊时，屋顶向外延伸，形成披檐，有时披檐也会和龛子的屋顶断开不成为一体。披檐存在的情况大致可以分为两类，一侧披檐和两侧披檐，如表 3-46 所示。

表 3-46 龛子披檐

名　称	类　型	实　景　图	立　面　图
咸丰县 当门坝村 民居	一侧披檐		
咸丰县 刘家院 子民居	两侧披檐		

五、四合水

传统的四合水是指在双吊式的基础上继续做加法，将正屋两头厢房吊脚楼部分的上部连成一体，两边厢房连接的部分在正面形成两层，两层回廊相连，形成一个合院形式。这正是土家族吊脚楼同苗族、侗族等吊脚楼的显著区别之一，即受汉化影响，融合了北方四合院围合的建筑形体与空间特征，这种特征在"钥匙头"和撮箕口中已初现端倪。此外，同样是合院形式，四合水的院落大门居中设在回廊楼下，建筑布局也呈现出中轴对称、均衡的特征；而同汉族四合院民居的区别，主要是基本的干栏式建筑特征和吊脚楼显著的起吊，如表 3-47 所示。

表 3-47 杉木坝村商铺

名称	恩施市杉木坝村商铺
实景图	 

但民居的建设往往不拘一格,并不完全"规范",且四合水体量较大,甚至有多个院落,加上自然条件、地域、其他文化等影响,故以混合形式居多,传统样式较少,实例特征不一。它们或在传统布局上有所改变,或在传统形式上渗入其他元素或形制。混合式以恩施市杉木坝村尹宅为代表,传统形式以咸丰县蒋家花园和宣恩县野椒园村张永春宅为典型,如表 3-48 所示。此外,实例还有利川市鱼木寨六吉堂、高罗杨氏大院等,院落布局各有特色,如表 3-49 所示。

表 3-48 混合式与传统形式四合水

名　称	图　例	
恩施市杉木坝村尹宅（混合式）	三进内院实景图	三进内院立面图
	三进内院平面图	

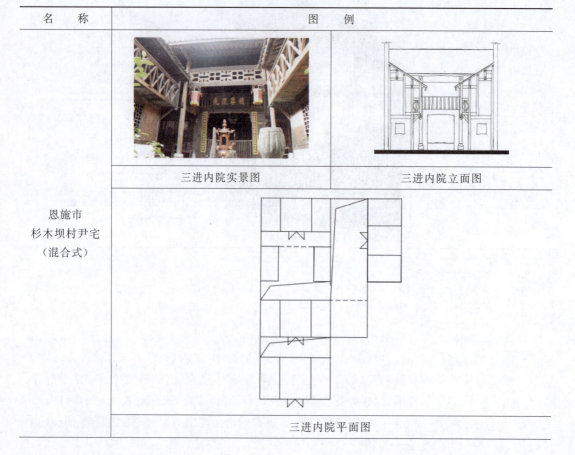

续表

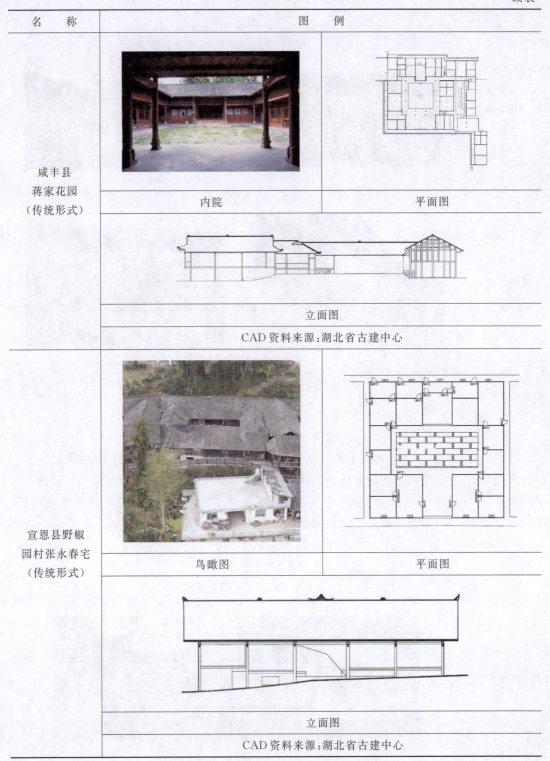

表 3-49 各具特色的四合水

名 称	图 例
利川市鱼木寨六吉堂  	
宣恩县高罗杨氏大院  	

六、窨子屋

在湘鄂西一带的土家人用砖石墙体围合而成的四合天井院落式民居称为"窨子屋"。同样是合院形式,窨子屋和四合水最根本的区别在于有无起吊,无起吊的窨子屋同北方合院更加相似,但干栏式适应南方气候条件的根本特征又区分了两者。窨子屋虽然并无土家吊脚楼最为显著的起吊,但空间形制上仍保留着土家族的特征,如厢房在入口处、正屋布局等,这是土家族根本的信仰、生活习俗等民族特征所决定的,如表 3-50 所示。

表 3-50 窨子屋

名 称	恩施市中村石狮子屋
实景图	 

续表

名　称	恩施市中村石狮子屋
平面图	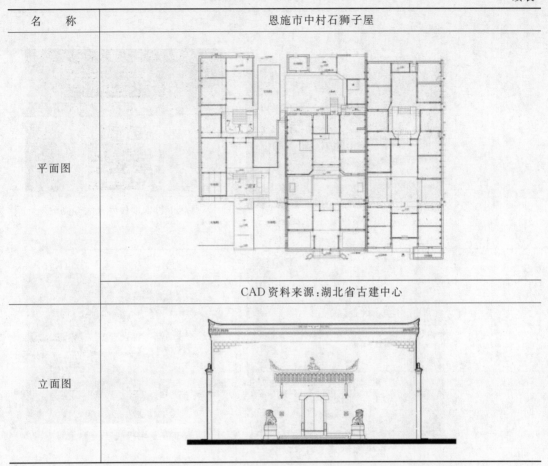
	CAD 资料来源：湖北省古建中心
立面图	

第三节　吊脚楼立面的细部做法

吊脚楼立面木板壁、门窗等是立面外观的细部体现，以小木作为主，总体上朴素实用，以其自身的形态和原始的材质、色彩凸显自然和谐的建筑形象。

一、木板壁

土家族吊脚楼的墙身沿袭古建体系的特点——不承重，仅有围护的作用。传统吊脚楼墙身建筑材料以木材为主，在经济条件较差的地区还有以竹条或树皮作立面材料的做法。除木材外，也有以砖石或土坯作材料的，但并不常见。

吊脚楼传统的木板壁一般有平缝、一板含、落膛三种做法。其中，平缝最为讲究，板壁与抱框外表面平齐，板条之间以企口安装；一板含板壁安装在抱框中间，板条间以竹木钉并联；落膛则直接将板条两端加工成斜面插在横枋上，板条间连接并不紧密，如表 3-51 所示。

表 3-51 常见木板壁的做法

板壁类型	实景图 1	实景图 2
平缝	 宣恩县白果坝村某住宅木板壁	 恩施市杉木坝村尹家大院侧院金丝楠木板壁
一板含	 宣恩县白果坝村某住宅木板壁	 恩施市滚龙坝村长街檐屋木板壁
落膛	 恩施市杉木坝村尹家大院阁楼室内木板壁	 恩施市滚龙坝村向氏新屋木板壁

砖石材料最早是商铺因街道建筑密度较高,相邻房屋间为防火作封火山墙而采用的。明清后期,随着生产水平的提高,砖石材料在民居中也逐渐普及。但现存土家吊脚楼中,立面中砖石材料应用多见于商铺和祠堂等高级建筑。竹条编织和树皮的墙壁不够细致,故多见于山墙面,正立面上仍以木板为主(见图 3-1、图 3-2)。

图 3-1　永顺县老司城某民居

图 3-2　龙山县捞车河村某民居

二、门窗

土家族吊脚楼的门窗做法虽然不及中国古典官式建筑那样繁复,但也是种类繁多,构造方式具有一定地域特征。

(一)门的类型

土家族吊脚楼的门是立面中较为重要的组成部分,除了正房正屋的大门装饰性较强以外,其余门均较为朴素,做法也相对简单。传统的吊脚楼正房正屋一般不装板壁和大门,但随着生活条件的改善,不少土家族吊脚楼开始安装大门。其中,较为常见的门有实拼门、框档门和槅扇门三种类型,如表 3-52 所示。

表 3-52　常见门的做法

门的类型	实景图1	实景图2
实拼门	龙山县捞车河村某民居实拼门	永顺县老司城村彭氏宗祠实拼门

续表

门 的 类 型	实景图 1	实景图 2
框档门	 咸丰县唐崖某民居框档门	 利川市李亮清庄园框档门
槅扇门	 恩施市杉木坝村尹家大院侧院正屋槅扇门	 利川市李亮清庄园槅扇门
无门	 高罗某民居大门	 高罗杨家大院大门

1. 实拼门

实拼门以板材并列拼接而成,背面安装横档龙骨,有单扇和双扇两种类型。这种门坚实耐久,防御性较强,一般作为吊脚楼的大门、后门和侧门等直接向外的门。实拼门的板数一般为单数,且相邻板材的纹理方向一致。实拼大门一般分为两扇,门洞宽度为 1.2 m 左右,高 2 m 左右,一般门洞都会设高度 30 cm 左右的门槛(既可以是石砌也可以是木制)。其余门均为单扇,做法与大门类似。

2. 框档门

框档门是先以枋料制成框,再在框内镶嵌木板,木板的宽度较为随意,不需要完全等宽。木板的拼接方式既可以垂直并列,也可以倾斜拼成花纹图案。框档门与实拼门相比更加轻巧,但由于镶嵌的木板较薄,防御性和耐久性不强,一般仅用于室内作为房间的分隔。

3. 槅扇门

土家族吊脚楼的正屋大门一般采用槅扇门,有双开、四合、六合和八合四种类型。普通土家族吊脚楼中槅扇门多为四扇和六扇,平时只开放中间两扇,其他门扇用门闩固定。只在有喜事集会等特殊需求时,才会将整个正屋完全开放。槅扇门的宽度通常在 60 cm 左右,门高 2 m,依靠一侧的摇梗①转动。其构造形式与框档门类似,但一般都有装饰性的图案花纹,图案既可以是单扇各自为一个单元,也可以是两扇为一个单元合成一个完整图案。装饰的题材主要是民间传统故事和花鸟鱼虫等,一般寓意吉祥如意。有些土家族吊脚楼的正屋大门为加强防卫功能,会制作成整板封闭且厚度较大的实木门,舍去槅扇门的装饰图案花纹部分,仅在门上刻画线条花纹略作装饰。

(二) 窗的类型

土家族吊脚楼的窗是立面上装饰最为繁杂的部分,是立面的视觉中心之一。正屋或厢房的主要立面上窗的做法较为复杂,而其他次要的房间或立面上窗户大多使用形式最为简洁的直棂窗。窗的类型十分丰富、形式图案各异,但按照造型特征可以大致将其分为直棂窗、平开窗、花窗和货铺窗四种类型,如表 3-53 所示。

表 3-53 土家族吊脚楼窗的类型

窗 的 类 型	实景图 1	实景图 2
直棂窗	龙山县捞车河村苗溪路 5 号直棂窗	永顺县老司城村某民居直棂窗

---

① 摇梗是指古代门或窗上竖直的一根可以使门窗旋转的木轴。

续表

窗 的 类 型	实景图 1	实景图 2
平开窗	咸丰县唐崖民居平开窗	龙山县捞车河村某民居内院平开窗
花窗	咸丰县大村村某民居花窗	利川市水井村李亮清庄园花窗
货铺窗	恩施市杉木坝村某民居货铺窗	龙山县苗儿滩镇某民居货铺窗

1. 直棂窗

直棂窗构造最为简单,在上下两根横方木中间垂直插入几根木棂条即可,不加任何复杂装饰。由于其上下横方木直接固定在板壁上,因此这种窗户无法开启。窗户的尺度有大有小,大部分长宽均在 1 m 左右,中间的木棂间隔较密,所以通风和采光的效果都不理想。其主要优点是造价低廉、坚固实用,所以在武陵山区的土家族吊脚楼中使用广泛。

2. 平开窗

平开窗在土家族吊脚楼中比较少见,因为在土司时期,由于防卫性需求较高,几乎所有的窗户均为花窗和直棂窗的形式。清朝改土归流之后,土家人吸收融合中原文化,才逐渐在土汉杂居的集市地区吊脚楼中应用平开窗的形式。防卫性要求较高的外侧墙面的平开窗还常做成内开的形式,外侧加装垂直楞条作为防盗窗(一般用在砖木混合式的建筑中)。

3. 花窗

花窗的构造最为复杂,造型也最为美观,在土家族吊脚楼中应用十分广泛。花窗一般固定在板壁上,无法开启,窗花的纹理形制十分多变,搭配自由。窗花的线条直线和曲线刚柔并济,几何花纹与卷涡花纹疏密相间,雕镂的技艺手法十分纯熟。主要运用的花纹如表 3-54 所示。

表 3-54　土家族吊脚楼常用窗花样式

窗花的类型	窗花纹理样式
满布式	平行直棂、六角、八角、冰裂纹
框格式	步步锦、电脊锦、井字形、梭字格
肘接式	献礼纹、方园光
横竖棍子式	三条线、豆腐块、冬瓜圈
内外连锁式	外接纹、万不断、方胜、套环、古老泉①
几何纹式	方格子、平纹、斜纹、水裂纹
自然纹式	如意纹、什锦嵌花、橄榄
拐子纹式	王字格、回纹、汉文拐

其中,花窗中又以雕花的窗心(即纹样复杂的自然纹等窗花样式)制作最为复杂。在一般土家民居中窗心雕花的并不多见,因为其制作不仅费时费力,更需要雄厚的财力支撑。普通的民居多不适用,因此这种雕刻复杂的窗花一般用在公共祠堂和大户府邸的内院中,不但装饰性和寓意性较强,还使得整个建筑变得层次丰富、美观大方。

4. 货铺窗

货铺窗在集市的沿街店铺中比较常见,位于店铺入口的一侧作为商品展示和售卖的窗口。这种窗常用多块实木拼板并列封闭,使用时可将拼板完全拆卸,相邻拼板间开凿企口,背面加设横档,安全牢固,防卫性较强。

(三) 门窗的构造做法

土家族吊脚楼门窗的制作材料中较好的是猴梨木、椿木、杉木、柏木和枞木。土家族吊脚楼的门窗制作工艺和构造做法相差不大,其中槅扇门与花窗的装饰部分构造做法几乎一样。窗的制作工艺中最为复杂的部分为窗花,窗花的棂条宽度一般为 2~3 cm,厚度一般为 4~5 cm。水平棂条为横穿,竖直棂条为直穿,四周围合的棂条为边条。边条的外圈是窗框,

---

① 古老泉的花纹样式是中间为圆形,四周环绕花纹。

窗框再外则是窗枋和撑枋。但有些构造简单的窗户可以省略边条直接与窗框连接,或者省略窗框直接与边条与窗枋连接。根据窗花棂条间连接方式(榫卯)的连接位置不同,开凿的榫卯形式也有差别,主要可以分为以下几种类型:①横穿与直穿在中间部分的连接——龙牙榫卯①和平接榫卯;②横穿直穿在端头部分的连接——45°斜切平榫卯;③棂条之间以斜向进行连接——垂直平榫卯。

以下将分别举例图示介绍各个类型的门窗构造做法,如表3-55所示。

表 3-55　土家族吊脚楼门窗的构造做法

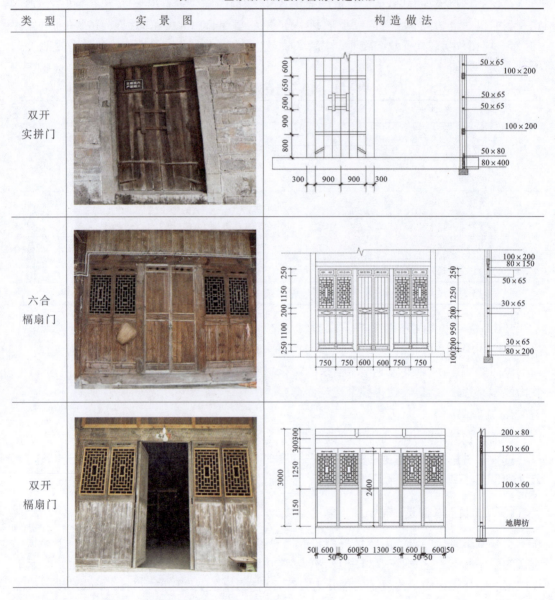

---

① 龙牙榫卯在土家族吊脚楼的板壁上最常使用。在花窗的窗棂以及横竖的窗枋、登枋、窗框中也应用较多。因其契合的榫口形状为三角形,故称为"龙牙榫"。

续表

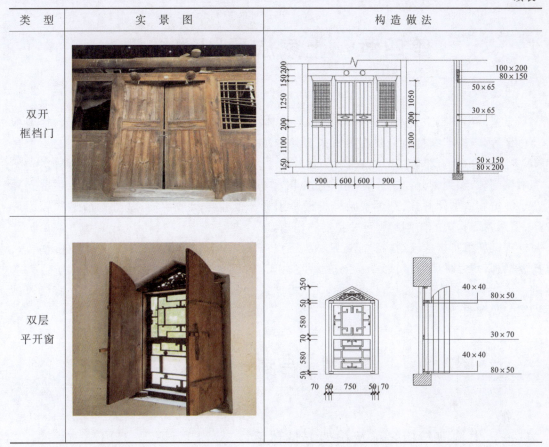

类型	实景图	构造做法
双开框档门		
双层平开窗		

注：文中标注的CAD资料和照片来源于湖北省古建中心，部分照片来自网络，其余照片与手绘线稿由乡土建筑研究工作室绘制

第四章 土家族吊脚楼结构

土家族吊脚楼主要采用穿斗式结构,其主体结构主要包括基础、木构架和屋顶、楼地板及楼梯等,以榫卯结构为主要连接方式。其中,木构架是土家族吊脚楼最为重要的承重骨架,主要以垂直承重构件(即柱)和水平联系构件组成;楼地板及楼梯是土家族吊脚楼木构架的附属部分,起到划分和联系垂直上下空间的作用;屋顶结构复杂多变,造型各异,主要差异在于坡度和造型两部分,是土家族吊脚楼屋顶形态的重要组成内容;基础构造形式较为简单,但对木质构架的防潮起到至关重要的作用。

土家族吊脚楼建筑结构特征可归纳为三点:其一,吊脚楼不用一钉一铆,无论柱、枋、板、椽、檩、榫,均以榫卯连接,形成一个整体框架;其二,结构灵活,可根据不同地形和居住需求进行灵活调整;其三,以四角八扎、将军柱、板凳条、抬山等典型特征做法,实现了吊脚楼兼具稳定与灵动的外观特征。

第一节 吊脚楼木构架

一、木构架结构名称及构架方位体系

组成土家族吊脚楼木构架的构件主要有柱、穿、枋、挑、梁和楼枕等。其中,柱与枋穿插组合形成相对独立的结构单元(即排扇、排架),在此基础上加入横向和纵向的联系构件,使其形成完整的三维立体框架体系,以五柱二转三柱二的撮箕口吊脚楼为例,说明当地木构架的结构名称,如图4-1所示。

土家族吊脚楼有正屋和厢房两套构架方位体系,用前、后、东、西来划分。在正屋的平面方位体系中,前是正屋面朝的方向;后是正屋背朝的方向;人面前背后而站,左手为东,右手为西,并非真正的东西方向。同样的,厢房也是按照这个来确定方位。柱子的命名,原则上是每一根柱子都有独一无二的名称。据了解,各大木匠师对正屋排扇的柱子命名相同,而对厢房排扇的柱子命名不尽相同。现暂以谢明贤师傅(咸丰人,湖北省非物质文化遗产土家族吊脚楼营造技艺传承人)的命名方法为标准,说明吊脚楼正屋和厢房各排扇及其所对应柱子的名称、位置,如图4-2所示。

(一)正屋

正屋各排扇从前往后依次如下。

(1)东山排扇:东山前檐柱、东山前二金、东山前骑童、东山中柱、东山后骑童、东山后二

第四章 土家族吊脚楼结构

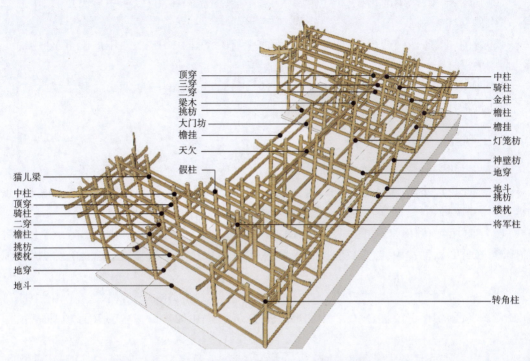

图 4-1 土家族吊脚楼（撮箕口）木构架结构示意图

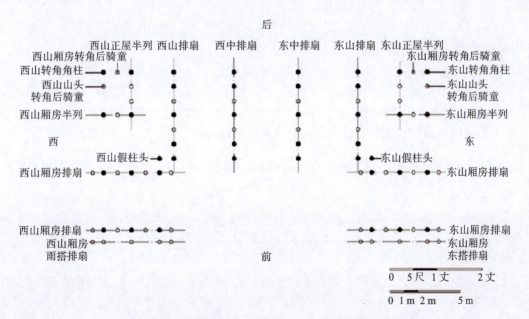

图 4-2 土家族吊脚楼（五柱二转三柱二）平面方位及排扇示意图

金、东山后檐柱。

(2) 东中排扇:东中前檐柱、东中前二金、东中前骑童、东中中柱、东中后骑童、东中后二金、东中后檐柱。

(3) 西中排扇:西中前檐柱、西中前二金、西中前骑童、西中中柱、西中后骑童、西中后二金、西中后檐柱。

(4) 西山排扇:西山前檐柱、西山前二金、西山前骑童、西山中柱、西山后骑童、西山后二金、西山后檐柱。

(二) 厢房

厢房各排扇从前往后依次如下。

(1) 东(西)山厢房雨搭排扇:东(西)山厢房雨搭前角柱、东(西)山厢房雨搭前檐柱、东(西)山厢房雨搭中柱、东(西)山厢房雨搭后檐柱、东(西)山厢房雨搭后角柱。

(2) 东(西)山厢房排扇:东(西)山厢房前雨搭柱、东(西)山厢房前檐柱、东(西)山厢房前骑童、东(西)山厢房中柱、东(西)山厢房后骑童、东(西)山厢房后檐柱、东(西)山厢房后雨搭柱。

(3) 东(西)中厢房排扇:东(西)中厢房前雨搭柱、东(西)中厢房前檐柱、东(西)中厢房前骑童、东(西)中厢房中柱、东(西)中厢房后骑童、东(西)中厢房后檐柱、东(西)中厢房后雨搭柱。

(4) 东(西)山厢房半列:东(西)山冲天炮、东(西)山厢房半列后骑童、东(西)山厢房半列后檐柱。

(5) 东(西)山正屋半列:东(西)山冲天炮、东(西)山正屋半列后大骑、东(西)山正屋半列后小骑、东(西)山正屋半列后檐柱。

二、木构架尺度控制

古代土家族吊脚楼依山而建,它的建造过程,包括选址、形态布局、结构与构造功能颇有讲究。其中,木构架尺度控制有一系列的模数范式,与建筑的开间、进深和屋高关系密切,是对土家族吊脚楼结构构造影响最为直接的要素。

(一) 木构架常用尺寸

土家族吊脚楼的进深(即每榀排扇的宽度)决定了吊脚楼的主要尺度大小,具体进深尺寸是由"步尺"控制,"步尺"是指柱与柱(或骑柱)中心线之间的水平距离。武陵山区各地的"步尺"做法有所区别,具体尺寸在2.5~3.5尺不等,其中以2.5尺、2.8尺、3.0尺和3.5尺最为常见。

土家族吊脚楼的屋顶从中柱到两侧的檐柱,再到屋檐的出挑,屋顶的高度逐渐降低,因此,中柱高度的确定即代表了房屋整体高度的确立。土家族吊脚楼的中柱的高度也注重"压白尺"的做法。具体而言,一般高度有1.88丈、1.98丈、2.08丈、2.18丈和2.28丈不等。

以五柱二转三柱二的撮箕口吊脚楼为例,说明其构架常用尺寸(见表4-1)。

表 4-1 土家族吊脚楼构架常用尺寸

名 称	开间		进深		楼高	
	堂屋	次间	内空	出挑檐檩	一层	构架上层
正屋	1丈3尺8	1丈2尺8	1丈8尺	3尺	8尺	9尺8
厢房	1丈2尺8		1丈2尺	3尺	8尺	8尺3
备注	可按照地基大小和屋主要求适当调整		相邻两檩之间水平距离一般为3尺		高不离8,高度方向的尺寸尾数一般为8	

（二）大木构件常用尺寸

各工匠对于构件截面的经验值认知基本相同。当然,这些尺寸会因木料不同、构件类型不同等实际情况有些许变化,但差别不大。值得注意的是,枋类构件每穿过一个柱身卯口,尺寸会相应减小,这里只取其最大值,构件截面的常用尺寸如表4-2所示。

表 4-2 土家族吊脚楼构件常用尺寸(直径/高×宽)

类 别	尺 寸	类 别	尺 寸	类 别	尺 寸
落地柱	5～8寸	梁木	2寸8×1寸8	地排扇	5寸×2寸2
骑柱	5～8寸	猫儿梁	2寸8×1寸6	一步枋	6寸×2寸2
檩子	3～4寸	灯笼方眼子	5寸×2寸	花穿	5寸×2寸
龙骨	3～4寸	金拴处	4寸×2寸	四步枋	5寸×2寸
子龙骨	2～3寸	斗方眼子	4寸×1寸8	顶川	5寸×2寸8
沟地	4～3寸	地斗	5寸×2寸2		

（三）木构架基本形制

土家族吊脚楼的木构架排扇广泛运用"几柱几骑"的形式(其中"柱"指的是排扇中落地的承重柱,"骑"指的是排扇中不落地的瓜柱),在此基础上,结合"步尺"可以初步判断出木构架的尺度大小。因此,可以根据排扇落地柱的数量将其归纳为"三柱落地式""四柱落地式""五柱落地式""六柱落地式""千柱落地式"等几种类型。

1. 三柱落地式

三柱落地式是土家族吊脚楼中落地柱最少的形制,根据骑柱的数量不同,可以进一步划分成"三柱两骑""三柱四骑"和"三柱五骑"等,如表4-3所示。

表 4-3　三柱落地式做法归纳表

形　制	对称性	结构示意图	实　景　图
三柱两骑	对称		永顺县老司城村民居
			咸丰县唐崖民居
三柱四骑	对称		永顺县俞家堡村民居
			龙山县捞车河村民居

续表

形　制	对　称　性	结构示意图	实　景　图
三柱五骑	非对称	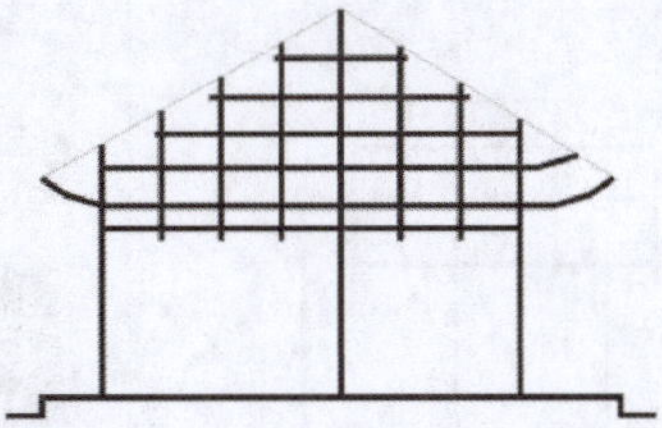	 永顺县双凤村民居

2. 四柱落地式

四柱落地式木构架极为少见,且形式多为非对称。现存四柱落地式主要有"四柱四骑""四柱五骑"和"四柱六骑"等,如表 4-4 所示。

表 4-4　四柱落地式做法归纳表

形　制	对　称　性	结构示意图	实　景　图
四柱四骑	非对称	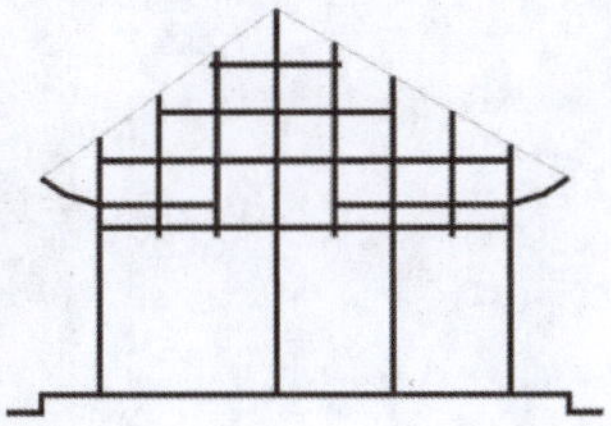	 永顺县俞家堡村民居
四柱五骑	非对称	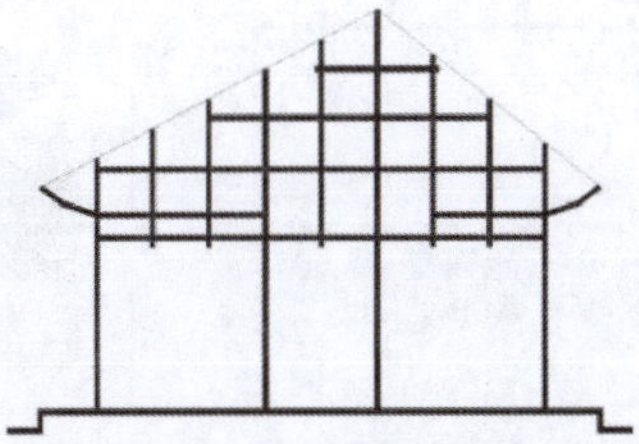	 宣恩县大茅坡营村民居

续表

形 制	对称性	结构示意图	实 景 图
四柱六骑	非对称		宣恩县彭家寨民居

3. 五柱落地式

因尺度适中,五柱落地式是土家族吊脚楼中最为常见的木构架形制,其木构架的形式既有对称的也有非对称的。主要有"五柱两骑""五柱四骑"和"五柱五骑"等,如表4-5所示。

表4-5 五柱落地式做法归纳表

形 制	对称性	结构示意图	实 景 图
五柱两骑	对称		咸丰县唐崖民居 咸丰县唐崖民居

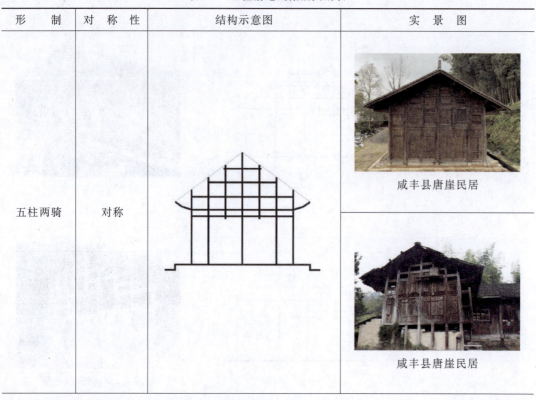

续表

形 制	对称性	结构示意图	实 景 图
五柱四骑	对称	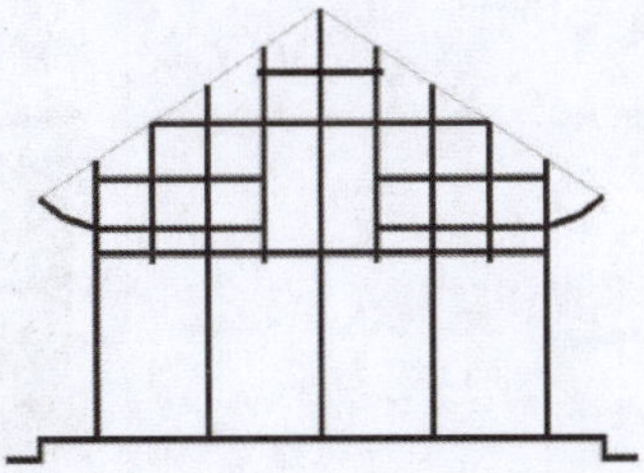	 永顺县邓家高田村民居
五柱五骑	非对称	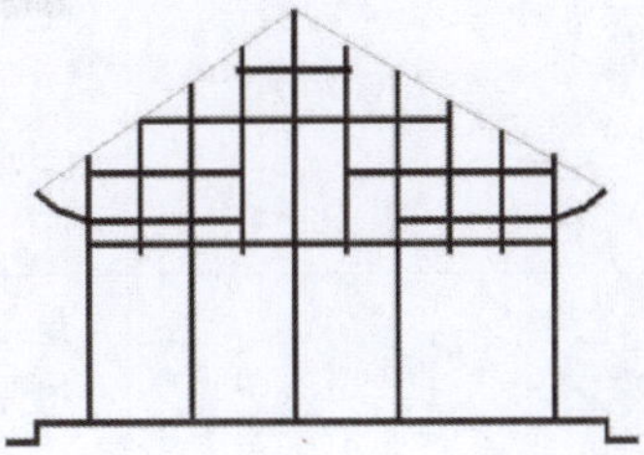	 宣恩县高罗民居 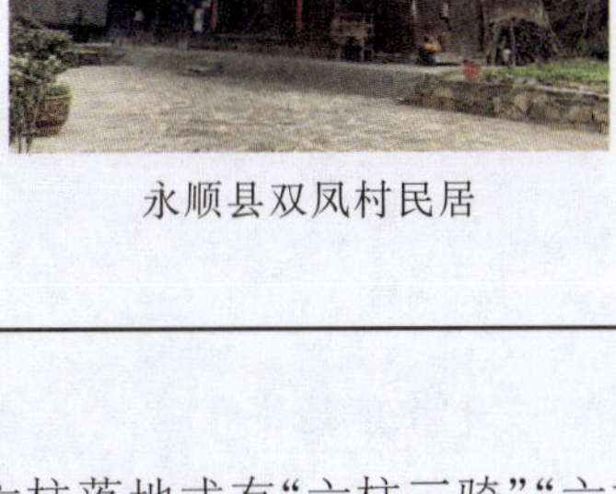 永顺县双凤村民居

4. 六柱落地式

六柱落地式的木构架形式一般为非对称。在现存建筑六柱落地式有"六柱三骑""六柱四骑"等，其主要的形制如表4-6所示。

表 4-6　六柱落地式做法归纳表

形　制	对 称 性	结构示意图	实　景　图
六柱三骑	非对称		咸丰县王母洞村民居 咸丰县王母洞村民居
六柱四骑	非对称		咸丰县大村村民居

5. 千柱落地式

千柱落地式是指在排架中所有柱子均落地,其木构架的形式一般为对称的。其主要的形制如表 4-7 所示。

表 4-7　千柱落地式做法归纳表

形　制	对称性	结构示意图	实景图
千柱落地	对称	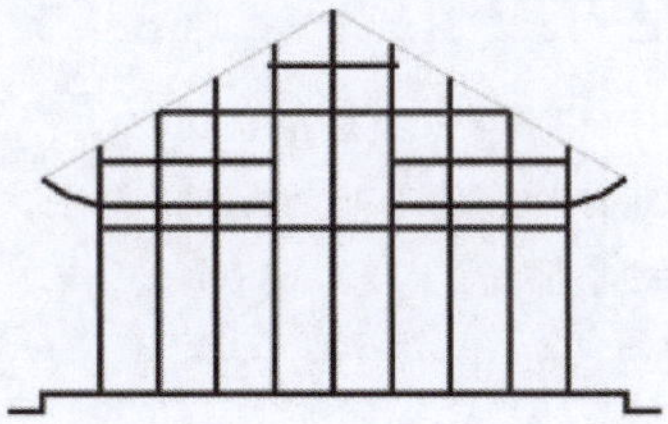	 利川市水井村李亮清庄园民居
	对称	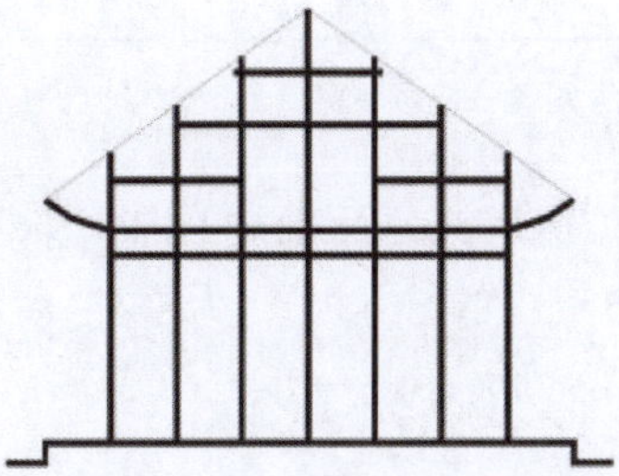	 恩施市滚龙坝村民居

三、木构架结构做法

（一）柱

1. 柱的类型

柱主要承担土家族吊脚楼主体结构中垂直方向上的受力，不同部位的柱承担受力的大小和作用是不同的，按柱承担结构受力的作用大小可以将其分为落地柱和非落地柱（即骑柱）两种类型，如表 4-8 所示。土家族吊脚楼中还有一种承担屋宇转角处的特殊构造柱，被称为"将军柱"或"伞把柱"，它既可以是落地柱也可以是非落地的骑柱。

表 4-8　土家族吊脚楼柱的类型归纳表

柱的类型	名　称	特　征　描　述	结构示意图
落地柱	一般落地柱	一般落地柱主要是指直接落在地上，仅仅穿插一个方向的穿枋的柱子	
落地柱	将军柱	将军柱（落地）一般是指直接落在地上并穿插多个方向穿枋的柱子，又称"伞把柱"	
非落地柱	骑柱	骑柱是指柱子底端落在穿枋上，不直接落地，仅仅穿插一个方向的穿枋的柱子	
非落地柱	将军柱	将军柱（不落地）一般是指柱子底端落在穿枋上，并穿插多个方向的穿枋的柱子	

2. 柱的名称

土家族吊脚楼中柱的名称是依据房屋方位而确立的。吊脚楼的主体构架是由一榀榀独立的木构架组合形成的，每一榀木构架中的柱子可分为中柱、金柱和檐柱三种类型，具体的名称又可以依据柱子在木构架中的位置次序进一步划分，其相应的名称命名规律如表 4-9 所示。

表 4-9　土家族吊脚楼柱的名称归纳表

柱的位置	名　称	特　征　描　述	结构示意图
中柱	中柱	通常是吊脚楼的正房中最高、最粗的柱子，其作用是架起屋脊大梁和正檩	
金柱	前金柱	是指在吊脚楼的檐柱以里，位于内侧的柱子，又分为前金柱和后金柱	
金柱	后金柱	是指在吊脚楼的檐柱以里，位于内侧的柱子，又分为前金柱和后金柱	
檐柱	前檐柱	是指位于吊脚楼木构架最外侧的柱子，其作用是支撑屋檐下的檐枋，又分为前檐柱和后檐柱	
檐柱	后檐柱	是指位于吊脚楼木构架最外侧的柱子，其作用是支撑屋檐下的檐枋，又分为前檐柱和后檐柱	

3. 柱的构造做法

土家族吊脚楼中的柱主要包括中柱、金柱、檐柱、骑柱以及将军柱，如表 4-10、表 4-11

所示。

表 4-10 土家族吊脚楼承重柱构造做法归纳表

名 称	特 征 描 述	位置关系图	构造示意图
中柱	中柱底部开凿十字形卯口，其中沿开间方向设马牙榫，用以连接地脚枋；顶部开凿馒头榫卯口，连接檩条或大梁；中间根据穿枋位置开凿方形槽口或肩膀榫槽口		
金柱	金柱与中柱底部一样开凿十字形卯口，构造做法一致；顶部开凿馒头榫卯口用以承托檩条；中间部位根据穿枋位置开凿方形槽口或肩膀榫卯口，并以木销固定		
檐柱	檐柱顶部与底部构造与金柱（中柱）一致，中间部位由于需要穿插出檐的挑枋，因而开凿的方形槽口较一般穿枋尺寸略大		

续表

名　称	特征描述	位置关系图	构造示意图
骑柱	骑柱顶部构造与金柱（檐柱）一致，底部不落地，直接开凿顺身槽口，落在下一穿枋上，还常在底部雕刻花纹作为装饰		馒头榫卯口（承檩） 木销插孔（固定） 肩膀榫卯口（穿枋） 方形槽口（穿枋） 肩膀榫卯口（挑枋） 肩膀榫卯口（楼枕） 顺身槽（下一穿）
将军柱	将军柱既可以为落地柱，也可以是骑柱，在构造中最大的区别在于其中间部位有斜向（不与木构架水平或垂直）的方形槽口		馒头榫卯口（承檩） 木销插孔（固定） 肩膀榫卯口（穿枋） 方形槽口（穿枋） 肩膀榫卯口（斜穿枋） 肩膀榫卯口（穿枋） 肩膀榫卯口（斜穿枋） 肩膀榫卯口（楼枕） 顺身槽（下一穿）

表 4-11　土家族吊脚楼将军柱的实景图归纳表

将　军　柱	实　景　图	
实景图	 咸丰县王母洞村民居将军柱	 咸丰县小蜡壁村民居将军柱
	 咸丰县严家祠堂民居将军柱	 龙山县捞车河村民居将军柱

续表

将 军 柱	实 景 图	
实景图	 龙山县苗儿滩村民居将军柱	 永顺县五马头村民居将军柱
	 咸丰县唐崖民居将军柱	 咸丰县唐崖民居将军柱

（二）联系构件

1. 联系构件的类型名称

土家族吊脚楼木构架中的联系构件主要可以分为横向联系构件和纵向联系构件，横向平行于屋身的正立面，垂直于排扇的联系构件称为"枋"或梁"，纵向平行于排扇（或为排扇的组成部分）的联系构件称为"穿"或"挑"（承托出檐的构件）。

（1）横向联系构件——枋。

枋，又称"联枋"或"欠枋"，这类构件主要沿吊脚楼的开间方向，横向穿插在柱中，拉结联系各榀排扇。

枋因其分布的位置不同所起到的作用也不相同，因此根据其在房屋中的位置和作用又可以进一步细分其称谓。如位于堂屋屋檐大门上方的枋，称为"大门枋"，主要起决定大门垂直高度的作用；位于堂屋室内距离地面的垂直高度为8尺的枋，称为"神堂枋"，其正下方用以安装神龛板壁；位于堂屋前(后)金柱上端檩下约1尺5的枋，称为"灯笼枋""猫梁"或"看梁"，其作用是加强堂屋左右两侧两榀排扇的横向联系，常比"大门枋"距离地面的垂直高度高;位于厢房的檐廊柱之间,用于加强廊柱之间联系的枋,称为"牵枋",在湘西土家族地区常把这种"牵枋"与造型装饰结合,做成弓背形或驼峰形;平行于房屋开间方向上,垂直安装在柱(多指檐柱)两侧的枋,称为"抱柱枋",其主要为木质板壁提供侧面槽位;位于开间方向的屋檐上部的枋,称为"上落檐枋"或"照面枋",主要为木质板壁提供上槽位;同理,位于下部的枋,称为"下落檐枋"或"地脚枋",如图 4-3 所示。

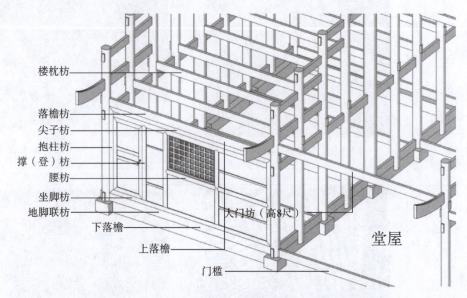

图 4-3　土家族吊脚楼主体构架横向联系构件结构示意图

楼枕(枋)是两榀排扇之间最为重要的联系构件,不但可以拉接加固相邻的排扇,还可以作为二层楼板面的承重构件。楼枕一般以方形为主,但也有为节省材料而直接使用圆木做楼枕的,如图 4-4 所示。两榀排扇之间的楼枕的数量与其排扇上的落地柱数量一致,每根落地柱上均会设置楼枕。楼枕一般设置在除堂屋外有二层阁楼的房间内,因为土家族吊脚楼的堂屋通常不设天花和楼板,为彻上明造的做法。

(a) 宣恩县白果坝村某民居

(b) 咸丰县唐崖某民居

图 4-4　土家族吊脚楼中的楼枕(枋)

(2) 横向联系构件——梁。

梁在土家族吊脚楼中使用不多,但却寓意深刻,主要有大梁、看梁、弓背梁等。其中,正脊处的"大梁"最为神圣,常被看作是土家族吊脚楼立屋的根本,因此,一般使用所有建房用料中最好最粗的木料,但梁的径宽不能大于中柱。

(3) 纵向联系构件——穿。

穿,又称"穿枋",是指排扇中从立柱中心穿过的矩形枋木,成为排扇纵向穿插联系的构件。除了起联系排扇中各个立柱的作用,还可承托排扇中"骑柱"垂直方向的力(即为"琐扣枋"),有时还能承担屋檐出挑部分的受力(即为"硬挑")。除此之外,无论是侧面山墙的穿枋,还是室内需要安装在板壁分隔空间处的穿枋,均会在穿枋上开凿榫口,用以安装和固定板壁。穿枋按照在排扇中由下到上的顺序,依次被称为地脚穿(枋)、下一穿(头穿)、上二穿、上三穿和顶穿等。如若吊脚楼的排扇高大(常指多层木构架),还可以出现上四穿、上五穿等,如图4-5所示。

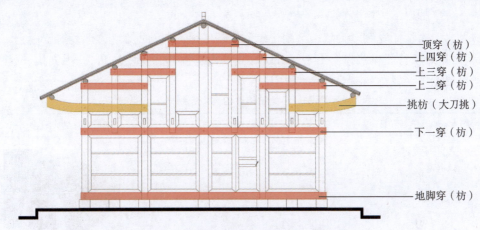

图 4-5 纵向构件穿和挑的构件位置示意图

(4) 纵向联系构件——挑。

挑,又称"挑枋",实际是由排扇上的穿枋逐渐演变而来。挑枋构件的作用是在屋檐下承托檐檩,使得建筑在正面形成出檐。挑枋与穿枋类似,凭借插进排扇柱子内的杠杆力来平衡出挑部分和屋檐部分的竖向荷载。挑又进一步分为"硬挑"和"软挑",硬挑是将一整个穿枋直接穿过檐柱心出挑,用以承托檐檩,软挑是将穿枋一端反插进排扇 2~3 个柱距,前后分成两个不相联系的挑枋,如表4-12所示。

表 4-12 硬挑和软挑的结构示意

挑的类型	特征描述	结构示意图	实景图
硬挑(穿)	挑枋由一整个穿过檐柱直接出挑,在外观上成为一个整体	硬挑	永顺县双凤村民居

续表

挑的类型	特征描述	结构示意图	实景图
软挑（穿）	挑枋插入檐柱和向内一根金柱，甚至更里面一根金柱，并向外出挑，分成前后两部分	软挑	龙山县苗儿滩村民居

土家族吊脚楼中挑枋的形式种类琳琅满目，不仅构造灵活，造型也十分美观，成为土家族吊脚楼典型的特征构件。武陵山区的土家族聚居区域内，挑的做法各地均有所区别，各具特色，根据其外观特征和结构作用不同可以将其分为直挑、大刀挑、牛角挑、板凳挑、反挑、双挑和斜撑挑七种类型，如表 4-13 所示。

表 4-13 挑枋构件的类型归纳表

挑的类型	特征描述	结构示意图	实景图
直挑	直挑的形状与排扇中的穿枋类似，其前后的宽度接近，变化不大，弯曲度较小或不弯曲	700　1150	龙山县河苗儿滩村民居 恩施市滚龙坝村民居 利川市水井村民居

续表

挑的类型	特征描述	结构示意图	实 景 图
大刀挑	大刀挑因其在承托屋檐处的形状如同大刀而得名,是土家族吊脚楼中最为普遍的挑枋构件形式		宣恩县白果坝村民居
			咸丰县唐崖民居
			咸丰县大村村民居
牛角挑	牛角挑因其弯曲形状似牛角而得名。主要用于屋面起翘出檐的部分,又称"至角挑"		永顺县双凤村民居
			永顺县老司城村民居

续表

挑的类型	特征描述	结构示意图	实 景 图
板凳挑	板凳挑分为上下两层，下层挑枋上面架设短柱，柱头承托内侧檐檩，上层挑枋直接承托最外侧檐檩	700　1150	龙山县苗儿滩村民居 龙山县洗车河村民居 咸丰县大村村民居
反挑	反挑的形状与大刀挑接近，但是其承托屋檐的受力方向与大刀挑正好相反，呈向下弯曲的形态	900　630	永顺县五马头村民居

续表

挑的类型	特征描述	结构示意图	实景图
双挑	双挑是指在出檐部分有两个挑枋分别承托两个不同的檩条，形状大多为大刀挑的形式		宣恩县白果坝村民居
			宣恩县彭家寨民居
			永顺县双凤村民居
斜撑挑	斜撑挑是指在直挑或大刀挑的下面加设一根斜撑枋，其作用是增强挑枋的承托能力		利川市李盖五庄园民居
			龙山县洗车河村民居

2. 联系构件的构造做法

土家族吊脚楼的联系构件主要包括穿枋、楼枕、地脚枋和挑枋等，以下将分别介绍几种构件的构造做法，如表4-14所示。其中，挑枋构件的构造做法最为独特。屋檐的出挑对檐柱的压力随着悬挑力臂的增大而不断增大。因此，土家族工匠将天然弯曲的山地林木加工制作成挑枋，挑枋构件弯曲向上承托檩条，使得出檐部位的悬臂结构在受力上十分合理。结构上不需要依靠挑枋与瓜柱的组合来承托檩条，也不需要对木材进行较大的弯曲和挖削，符合水平悬挑构件承受竖向荷载的结构逻辑。不仅如此，这类弯曲的结构构件还创造出土家族吊脚楼独具特色的造型艺术。

表4-14 土家族吊脚楼联系构件的构造做法归纳表

名称	特征描述	联系构件的位置关系图	联系构件的构造示意图
穿枋	穿枋的两端开凿肩膀榫（榫头），榫头中间设插木销子的方孔，枋长根据需要灵活设置		
楼枕	楼枕的做法与穿枋类似，两端开凿肩膀榫（榫头），其铺设方向与穿枋垂直		
地脚枋	地脚枋在相交处以燕尾榫的形式连接，若枋在金柱处不断开，则开凿水平凹槽，方便固定柱脚		
挑枋	挑枋的外端头开凿馒头榫卯口用以承托挑檐檩，中间部分设肩膀榫抵住檐柱，最内端以肩膀榫和木销子固定		

（三）四角八扎

四角八扎是传统土家族吊脚楼木构架的一种典型做法，即排扇前后檐柱的柱脚外掰的同时，山排扇向中间倾斜，与宋代《营造法式》中"侧脚"做法类似。这一做法不仅可以增强排扇结构的稳定性和抗震能力，也可以使得建筑外形更加挺拔（即几何学中"视线收分法"在土家族吊脚楼营造中的应用）。

具体做法是，土家族工匠在"下料"（或"画墨"）阶段中，将地穿和地斗构件的前后端头各向外延长4分，在此基础上对楼枕和欠枋等构件的尺寸做适当调整。同理，在制作排扇架时，将前后檐柱的柱脚向外倾斜4分，并对穿枋构件的尺寸做适当调整；竖立排扇时，将两边山排扇的底部向外侧倾斜4分（见图4-6）。这一做法使得土家族吊脚楼整体呈张开的态势，有利于保持其整体结构的稳定性。又因为土家语中"扎"意为向外张开，因此这一做法被称为"四角八扎"。但由于这一做法使得各部分构件尺寸产生一系列调整，大大增加了下料和施工的难度，故简化后的土家族吊脚楼营造过程中几乎不用这种做法。

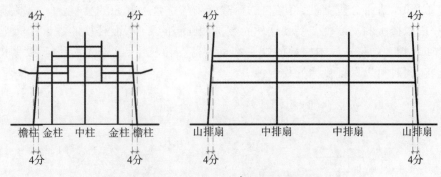

图4-6 "四角八扎"排扇结构示意图

第二节 吊脚楼楼地板及楼梯

一、楼地板

（一）楼地板的构造类型

土家族吊脚楼的楼地板根据其构造形式，可以分为板楼和条楼两种（见图4-7、图4-8）。土家族吊脚楼前面的次间以及卧室的天花（即二层的楼地板）以木板铺设而成，中间不留缝隙，称为"板楼"；灶房等次要房间的天花为节约用材，以竹条或木条铺设，中间留出缝隙，称为"条楼"。板楼上面一般可以上人，而条楼则无法上人，用以堆放杂物，主要是考虑其下方的火塘、炉灶需要室内空气流通，在其上方放置粮食谷物，可以起到烘干防潮的作用。

图 4-7　板楼地板

图 4-8　条楼地板

（二）楼地板的构造做法

土家族吊脚楼的楼地板一般沿着木构架进深的方向进行铺设，垂直于楼枕方向进行平铺，如图 4-9 所示。这种垂直交错的铺设方式不但可以加强吊脚楼整体性，还可以在木地板材料长度不足时，进行分段铺设，将各自的荷载传到与之直接联系的楼枕上。分段铺设楼地板时，每一段木楼板的长度主要受到楼枕的数量和间距的影响，而楼枕的数量和间距与吊脚楼的水平步尺相关。每一段木楼板的端头都直接落在楼枕上，这样才能保证各段木楼板能够无缝衔接，同时可以保证受力的稳定性。

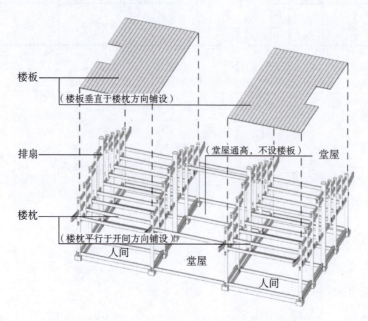

图 4-9　传统三开间土家族吊脚楼楼地板铺装示意图

木楼板的制作方法是先将整木加工成片状木料，再刨光制成板材。主要的构造方式分为企口拼装、并联拼装和压边固定拼装三种，如表 4-15 所示。

表 4-15　土家族吊脚楼楼地板构造方式归纳表

构造方式	特征描述	构造方式示意图
企口拼装	楼板侧面制作企口榫卯，两侧榫卯的企口分别为一凹一凸，木板相互衔接铺设形成整面楼地板	错位拼接；公榫（凸）；母榫（凹）
并联拼装	不以企口拼接，直接将木板并排搁置，木板之间以竹木钉连接固定	竹木钉拼接；竹木钉孔洞；竹木钉突出
压边固定拼装	用板壁或栏杆的下槛压住楼板两端边缘处使其固定，稳定性和牢固度一般，因此一般与另外两种方式结合使用	企口拼接；顺身槽口；木销子；压边固定；枋木（梁）

二、楼梯

（一）楼梯的构造类型

土家族吊脚楼中的楼梯，有的设置在房间内的某一角落，有的设在外侧挑廊的转角部位，还有的以爬梯的形式联系上下以节省空间。楼梯按照其构造形式可以分为井框式爬梯、梁板式楼梯两种类型，如表 4-16 所示。

表 4-16　楼梯类型名称归纳表

楼梯的类型	特 征 描 述	室内实景图	室外实景图
井框式爬梯	井框式爬梯,是土家族吊脚楼中较为简单的楼梯形式,用于室内一层与二层阁楼的上下联系	永顺县老司城村民居	龙山县苗儿滩村民居
梁板式楼梯	梁板式楼梯也是土家族吊脚楼中较为常见的楼梯形式,主要设置在室外,常位于吊脚厢房外廊与地面直接联系处	恩施市滚龙坝村民居	咸丰县唐崖民居
		永顺县老司城村民居	永顺县五马头村民居
		恩宣县高罗民居	宣恩县黄家河村观音堂民居
		龙山县苗儿滩村民居	利川市水井村民居

（二）楼梯的构造做法

土家族吊脚楼的楼梯连接方式主要是嵌接、钉接和卯接。因其使用频繁，对垂直方向的受力要求较高，各种类型楼梯的主梁一般尺度较大。由于井框式爬梯的构筑方式较为简单，在此不作赘述，以下将主要介绍梁板式楼梯构造做法。

梁板式楼梯以两段矩形条状木梁作为其最主要的承重构件，斜梁上开水平榫口，插入片板状的楼梯踏面。这种楼梯除了以直木做斜梁以外，还常使用弯木料制成形状类似反向牛角挑的弯梁，使用这种弓形弯木作梁从力学角度而言十分有利于承受垂直方向的压力。梁板式楼梯一般为直跑形式，极少有转折，且由于所设位置的高差较小，很少设置扶手栏杆。梁板式楼梯的斜梁上开凿榫口主要有两种方式：一种是在斜梁上水平开凿梯形槽口，槽口的深度一般为斜梁厚度的一半，楼梯踏面两侧开凿肩膀榫，将楼梯踏面水平插入斜梁；另一种是在斜梁上水平开凿矩形槽口，槽口需将梁凿穿，楼梯踏面两侧开"凸"字形榫，榫头中间留一道5 mm左右的缝隙，踏面穿插安装后，将三角形木销子钉入缝隙中，使得踏面与斜梁连接固定，如图4-10所示。

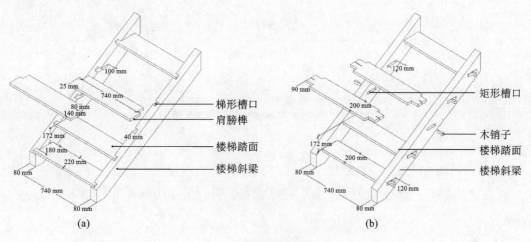

图4-10　梁板式楼梯构造图

第三节　吊脚楼屋顶

土家族吊脚楼屋顶特色鲜明、形态秀美，形制上以悬山屋面和歇山屋面（又称"罨檐"）形式居多。

一、屋顶的结构组成

土家族吊脚楼的屋顶主要由支撑屋面的结构层和屋面层组成。结构层包括檩条和椽子，屋面层包括青瓦和脊饰，除此之外还包括封檐板、挡瓦条等辅助构件。

（一）结构层

屋顶的结构层主要是指承托屋面上小青瓦荷载重量的结构部分,主要由檩条和椽子组成,如图 4-11 所示。

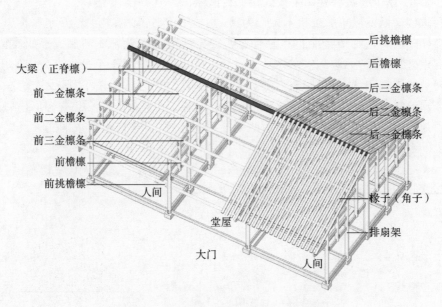

图 4-11　土家族吊脚楼屋顶结构层示意图

1. 檩条

土家族吊脚楼的檩条一般都是以细实圆木制作而成,直接在立柱和挑枋的顶端开凿凹口,将檩放置在排扇立柱和挑枋的顶端。檩条的直径在 120~180 mm,但径粗不能超过梁木的宽度。

2. 椽子

椽子,在土家族俗语中称之为"椽皮"或"角(桷)子"。椽子平行于排扇方向平铺在檩条上,上方不再做夹层,将小青瓦直接铺设在椽子上。土家族吊脚楼的椽子为厚度 20 mm 左右的扁方形木板条,宽度约为 127 mm(3.8 寸),相邻两个椽子间的净距约为 133 mm(4 寸),土家族俗语谓之为"三八角子四寸沟"。

（二）屋面层

屋顶的屋面层主要指的是直接暴露在外遮挡雨水的部分,较为常见的形式即为青瓦屋面,主要由小青瓦和屋脊装饰组成,如表 4-17 所示。

表 4-17　土家族吊脚楼屋面瓦的类型归纳表

瓦的类型	特征描述	类型示意图	实际案例照片
小青瓦	小青瓦以黏土烧制而成,瓦面呈弓状,长度约 120 mm,宽度约 126 mm		
滴水瓦	滴水瓦瓦面为凹陷的弧线,正面呈三角形并附带装饰图案,长度约 120 mm,宽度约 126 mm		
沟头瓦（猫头瓦）	沟头瓦瓦面弧度与小青瓦完全契合,仅在端头向下垂 46 mm,并附加装饰图案		

　　土家族吊脚楼屋顶的装饰做法简单巧妙,主要使用瓦片叠砌出不同的造型样式,一般不使用石灰砂浆。其屋脊装饰的部位主要包括脊筋(瓦脊)、腰花(中脊花)和脊角(鳌头)三个部分,如表 4-18 所示。

表 4-18　土家族吊脚楼屋脊装饰归纳表

屋脊装饰的部位	结构示意图	实际案例照片
脊筋（瓦脊）		宣恩县彭家寨民居建筑群 1
脊筋（瓦脊）		宣恩县白果坝村民居建筑 1
腰花（中脊花）		利川市水井村李亮清庄园
腰花（中脊花）		宣恩县彭家寨民居建筑群 2
腰花（中脊花）		宣恩县彭家寨民居建筑群 3
腰花（中脊花）		宣恩县白果坝村民居建筑 2

续表

屋脊装饰的部位	结构示意图	实际案例照片
脊角（鳌头）		宣恩县白果坝村民居建筑3
		咸丰县唐崖民居建筑

（三）辅助构件

屋顶的辅助构件主要起结构辅助和美化装饰的作用，主要包括封檐板和挡瓦条两种。土家族吊脚楼的青瓦屋面在铺设过程中，首先要在檩条上完成椽子的固定和安装；然后在椽子檐口最下端钉挡瓦条，以防止屋面瓦片滑落；青瓦铺设需要上下错位搭接，并先铺设仰瓦再铺覆瓦。屋面铺设工艺可以分为四个步骤，其流程如表 4-19 所示。

表 4-19　土家族吊脚楼青瓦屋面铺设工艺顺序归纳表

青瓦屋面铺设工序	工艺示意图	工 艺 描 述
第一步	檩条 椽子（角子） 挡瓦条	首先，在檩条上间隔（约 120 mm）铺设椽子（又称"角子"），然后在椽子最下端平行于檩条加设挡瓦条

续表

青瓦屋面铺设工序	工艺示意图	工艺描述
第二步	檩条／挡瓦条加设垫瓦／椽子（角子）／封檐板	沿挡瓦条方向在每个椽子上加设垫瓦，垫瓦弧面向下反扣在椽子上，在檐口处加设扁长条形封檐板
第三步	铺设仰（望）瓦／椽子（角子）／垫瓦／插入封檐板	在椽子之间的间隔空隙中铺设仰瓦（又称"望瓦"），仰瓦弧面朝上，自下往上相互搭接铺设，错位30 mm左右
第四步	铺设仰（望）瓦／铺设覆（盖）瓦／垫瓦／插入封檐板	铺设好仰瓦后，在两列相邻仰瓦中间铺设覆瓦（又称"盖瓦"），与仰瓦一样自下而上相互搭接铺设

二、屋面的构造做法

土家族吊脚楼的屋面通过平脊、直檐、抬山、折水、踩檐冲脊、罴檐等多种构造做法，整体上呈现出优美且丰富的曲线形态。

（一）平脊

土家族吊脚楼屋脊的"平脊"做法是指正房的两端不起翘，不做抬高和升起，屋顶的脊部呈一条水平直线。如果是由正屋与一侧或两侧厢房（或"回"字形窨子屋）共同组成的完整土家族吊脚楼,则表现为将厢房屋顶与正房屋顶的脊部做成同一高度,使水平方向和垂直方向的各条屋脊位于在同一水平面上。值得注意的是,在传统土家族吊脚楼中,由于主从关系的差别,正房屋脊高度一般比厢房略高,因此平脊做法主要应用在"一"字形的座子屋中,如表4-20所示。

表 4-20 土家族吊脚楼屋顶平脊做法归纳表

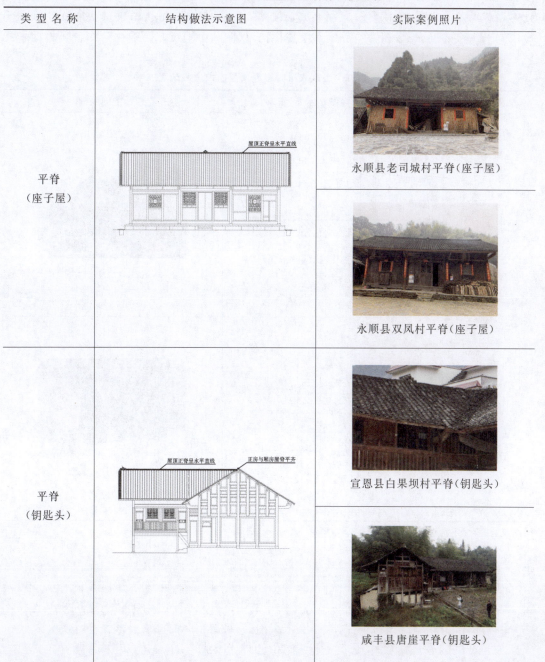

类型名称	结构做法示意图	实际案例照片
平脊（座子屋）		永顺县老司城村平脊（座子屋） 永顺县双凤村平脊（座子屋）
平脊（钥匙头）		宣恩县白果坝村平脊（钥匙头） 咸丰县唐崖平脊（钥匙头）

(二) 直檐

"直檐"是土家族吊脚楼屋面檐口部分的一种做法,土家族称之为"四檐平",是指在不覆盖瓦屋面之前,将房屋四面的檐口齐平,不做翘起,四个檐角在同一水平面上。在非"一"字形平面组合型的吊脚楼中表现为:厢房屋檐与正房屋檐同在一个水平面上,此时厢房"龛子"处的屋檐翼角不起翘,或依靠后面盖瓦略微上翘。其构造做法是将吊脚楼四周的外挑檐檩做成同一水平高度,一般在转角部位不设角挑枋,仅由两个垂直方向的挑枋结合挑檐檩承托屋檐重量,如表 4-21 所示。

表 4-21　土家族吊脚楼屋顶直檐做法归纳表

类型名称	平面结构做法示意图	实际案例照片
直檐		永顺县老司城村直檐
		利川市水井村直檐

(三) 抬山

土家族吊脚楼屋面的"抬山"做法,又称"升山"或"升三"。土家族吊脚楼的正房一般是三开间、五开间对称布置,抬山是将吊脚楼排扇的中排排扇(即堂屋两侧的排扇)柱高保持不变,由内向外的排扇柱(或将军柱)的高度依次抬高,每次抬高的高度一般是 3 寸。

以五开间的座子屋为例(见表 4-22),抬山的具体做法是:东一排扇与西一排扇的高度一致,东二排扇(或西二排扇)各柱的高度比东一排扇各柱高度分别抬高 3 寸,东三排扇(或西三排扇)各柱高度比东二排扇(或西二排扇)各柱高度再分别抬高 3 寸。这种做法类似宋代

《营造法式》记载的"生起",主要目的是使吊脚楼屋顶两侧略微翘起,造型更加优美,并且可以从视差上矫正因观察距离而产生的错视现象。同时,因为土家族吊脚楼堂屋的大梁木较两侧房屋的脊檩更为粗大,这一技术还可以解决檩条尺寸差距对屋脊形态的不利影响。

表 4-22　土家族吊脚楼屋顶抬山做法归纳表

类型名称	抬　山
平面结构做法示意图	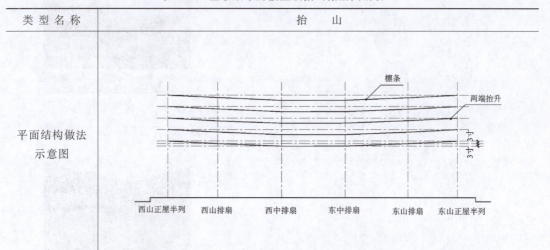
实际案例照片	 永顺县双凤村民居抬山

(四) 折水

"折水"是土家族吊脚楼组合屋面的一种做法,是指在由一正一厢(一横一纵)两个方向的房屋屋面组合在一起时,在其转折部位的特殊构造处理方式。具体的构造做法是在房屋排扇转折交接处分别设一前一后两根斜梁,其作用是将垂直方向的两组檩统一以斜梁进行联系,使其结构更加稳固。斜梁的上部覆瓦也有一定区别,朝向内院(院坝)一侧的斜梁上方通常留有瓦沟,以便雨水宣泄;朝外一侧的斜梁上方则覆盖瓦脊(类似于庑殿顶的垂脊),其作用是避免屋面转角处的雨水渗漏(与正脊处做"瓦脊"的目的一样),如表 4-23 所示。

表 4-23 土家族吊脚楼屋顶折水做法归纳表

类型名称	平面结构做法示意图	实际案例照片
折水	（角柱、斜脊、檩条、伞把柱（将军柱）、正脊、骑童柱、挑檐枋、檐柱、挑檐檩）	咸丰县唐崖屋顶折水 永顺县吊脚楼屋顶折水

（五）踩檐冲脊

"踩檐冲脊"是土家族吊脚楼中较为常见的屋面坡度做法,可以分为踩檐和冲脊两个部分。其是指通过将中柱和檐口高度抬高使屋面形成一个较缓曲面。这种做法不仅能增加建筑造型的美感,还能防止屋面瓦片滑落。

冲脊的具体做法是将所有排扇的中柱在原高度基础上抬高 8 分。但是,不同的工匠关于踩檐的做法有所差别,在调研访问的土家族工匠中,做法比较典型的有万桃元(咸丰人,非物质文化遗产吊脚楼营造技艺国家级传承人)和熊国江两位师傅,其具体做法如表 4-24 所示。

表 4-24 土家族吊脚楼屋顶踩檐冲脊做法归纳表

工匠名称	平面结构做法示意图	特征描述
万桃元	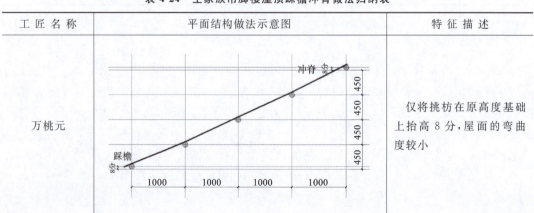	仅将挑枋在原高度基础上抬高 8 分,屋面的弯曲度较小

续表

工匠名称	平面结构做法示意图	特征描述
熊国江	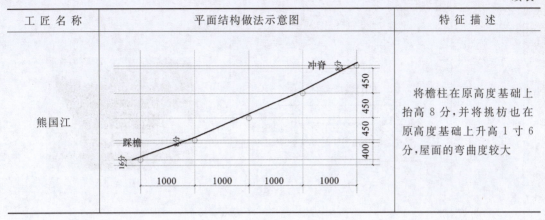	将檐柱在原高度基础上抬高 8 分,并将挑枋也在原高度基础上升高 1 寸 6 分,屋面的弯曲度较大

(六)罩檐

完整的龛子正面通常做成类似官式建筑的歇山顶,称为"罩檐",是由悬山加雨搭——鄂西称"檐排子"——演变而成。① 罩檐处往往设置双面或三面走栏,形成转角廊(楼),转角廊(楼)两端转角处的屋脊高高翘起,形成土家族吊脚楼中屋顶轮廓最为突出的翼角(飞檐)。

翼角在构造中使用了大量弯曲的木材(主要是用在至角挑),使得其外观造型十分飘逸灵动。至角挑是转角廊(楼)翼角上翘最主要的承重构件,决定了翼角部位的出挑深度和起翘高度。至角挑与转角部位横纵两个方向的挑枋共同组成了转角廊(楼)屋顶的承重部分。横、纵和对角等多个方向的挑枋都要经过角柱而受力,如果在同一水平高度位置交汇对角柱的结构破坏较大,则土家族吊脚楼采用弯木制成转角部位的挑枋,可以将多个方向经过角柱的卯口分散在不同的水平高度上,错位分布,不但增加了挑枋与角柱的咬合截面,还增强了构架的整体刚度,构造做法既科学合理又美观大方,如表 4-25 所示。

表 4-25 土家族吊脚楼转角廊及翼角造型做法归纳表

类型名称	平面结构做法示意图	案例实际照片
双面走栏		宣恩县彭家寨建筑

---

① 张良皋,《老房子:土家吊脚楼》,江苏美术出版社,1994 年。

续表

类型名称	平面结构做法示意图	案例实际照片
三面走栏	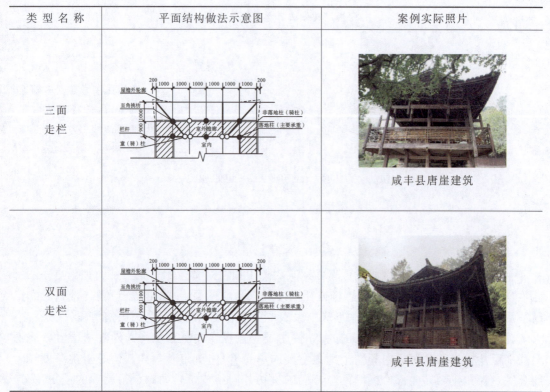	咸丰县唐崖建筑
双面走栏		咸丰县唐崖建筑

第四节　吊脚楼其他部分结构做法

一、基础构造做法

　　武陵山区潮湿多雨、气候温润，不利于木构建筑的长久保存。为了防止木构架因为受潮而腐烂，土家族吊脚楼常以石制构件作为基础部分，不仅可以稳固木构架，还可以有效地增强地基的承载能力。其构筑做法简洁实用，制作工艺并不复杂，在长期的发展过程中还逐步融入了土家族独特的装饰和文化特色。

　　土家族吊脚楼木构架的立柱和地脚枋是其最为直接的承重部位，因此，在屋基平整完成之后，一般要在柱脚垫石制柱础，在地脚枋的下面铺设长条青石（又称"地丘石"或"联磉石"）。柱础和联磉石是吊脚楼基础部分中最为重要的构件，不仅可以增大柱脚的受力面积，还可以防木柱潮湿和虫蛀。除了房屋主体部分的基础以外，有些经济富裕的屋主还常在吊脚楼正屋前的檐下空间和庭院中铺设条形石板，檐口正下方的位置（即檐下与庭院的分界处）设置排水沟用以收集雨水，防止因雨水冲刷致使屋基塌陷。因此，土家族吊脚楼的基础部分主要由柱础、联磉石、通风口和排水沟四个部分组成，如表4-26所示。

表 4-26　土家族吊脚楼基础组成部分归纳表

基础部位	实际案例照片 1	实际案例照片 2
柱础	咸丰县王母洞村某民居柱础	咸丰县严家祠堂柱础
联磉石	宣恩县白果坝村某民居联磉石	咸丰县唐崖某民居联磉石
通风口	咸丰县唐崖某民居通风口	宣恩县黄家河村观音堂通风口
排水沟	咸丰县唐崖某民居排水沟	永顺县双凤村某民居排水沟

二、榫卯结构

(一)榫卯的类型

榫卯是以最基本的凹凸结合方式制作连接而成的,可以有效地限制木构件向各个方向的位移,并使建筑具备优秀的抗震能力。榫卯结构可以拆分为"榫"与"卯"两个部分,榫又称为"榫头"或"公榫",卯又称为"卯口"或"母榫"。榫卯的构造机制是将一个构件的榫头部分插入另一个构件的卯眼中,以使得两个构件能够连接和固定。插入卯眼的榫头部分又叫"榫舌",其余部分为榫肩。在一个完整的土家族吊脚楼中,由于构件连接部位和构造需求不同,榫卯的形式出现诸多变化,因而产生直榫、燕尾榫、巴掌榫、猫挖榫、馒头榫、龙牙榫等多种类型;按照榫卯的功能可进一步划分为连接、限位、固定、封口和支托五种类型,如表 4-27 所示。

表 4-27 土家族吊脚楼榫卯类型归纳表

榫卯的类型	榫卯构造示意图	实际案例照片
直榫 (连接、限位)	直榫榫头 木销孔 直榫卯口 木销子	咸丰县大村村民居 咸丰县小腊壁村民居 利川市水井村民居

续表

榫卯的类型	榫卯构造示意图	实际案例照片
燕尾榫 （连接、限位）	燕尾榫榫头 燕尾榫卯口 燕尾榫榫头 马牙榫卯口 地脚枋槽口	咸丰县王母洞村民居
巴掌榫 （连接、限位）	穿枋槽口 巴掌榫 木销口 木销子	咸丰县唐崖土司城 龙山县捞车河村民居
猫挖榫 （连接、限位）	穿枋槽口 猫挖榫	利川市水井村民居

续表

榫卯的类型	榫卯构造示意图	实际案例照片
馒头榫（支托）	梁或檩／馒头榫榫头／馒头榫卯口／柱	咸丰县小腊壁村民居 宣恩县彭家寨民居 宣恩县白果坝村民居
龙牙榫（连接、固定）	板壁槽口／龙牙榫卯口／龙牙榫榫头	咸丰县唐崖民居 恩施市滚龙坝村民居

（二）榫卯连接工艺

土家族吊脚楼的榫卯连接部位主要分为主体构架联系、主体接地联系以及小木作构件联系三种类型。

1. 主体构架联系

主体构架的联系主要是柱与枋（或挑）、柱与楼枕、柱与檩的联系，如图4-12、图4-13所示。柱与穿枋采用"穿"的连接形式进行联系，即在落地柱或骑柱上开凿透眼的卯口，将穿枋从卯口横向穿过，在枋的两端（或挑的一端）以肩膀榫的形式连接，并以木销插入枋和柱，进一步限位固定。骑柱的下端开凿顺身槽口直接落在枋上（约为枋高的2/3），再以木销固定。落地柱与地脚枋的连接最为复杂，先将地脚枋以燕尾榫的形式连接，在落地柱底部开凿"十"字形槽口，槽口中另开凿龙牙榫，直接将柱落在枋上，不做其他固定措施。柱与楼枕的联系同穿枋类似，仅在方向上有所差别。柱与檩的联系主要是在柱的顶端开凿"凹"字形卯口，在檩上开凿馒头榫，直接搭接在柱的顶端。

图4-12 主体构架联系实例（咸丰县唐崖土司城） 图4-13 主体构架联系实例（龙山县苗儿滩村）

2. 主体接地联系

土家族吊脚楼主体与地面的联系一般是将柱直接落在柱础上，不再施加其他固定方式。但在咸丰县王母洞村发现较多主体与柱础之间以榫卯联系，这一类柱础较一般柱础更高，其做法是在柱础的侧面雕凿方形卯口，并将地脚枋直接嵌入柱础，再将柱底端落在柱础的顶部，不加其他固定措施。这一做法更加有利于落地柱的防潮，使得柱子保存时间更久。

3. 小木作构件联系

小木作构件主要是指板壁（见图4-14）、门窗、栏杆等部位。这一类构件承担的结构作用较少，以美观为主，并且构件的尺度相对较小，因此，榫卯加工的精度要求较高。在这些部位的构件联系中，直榫和龙牙榫使用较多。例如，在板壁的撑枋和腰枋连接处，使用龙牙榫交叉联系形成"十"字形框架，框架中再插入木板，大大增加了外观的精美程度。除此之外，花窗中龙牙榫也可以使用在图案花纹的转折部位。

图 4-14 土家族吊脚楼堂屋神龛处板壁

第五节 吊脚楼构造实测图

一、宣恩县

宣恩县土家族吊脚楼构造实测图如图 4-15～图 4-20 所示。

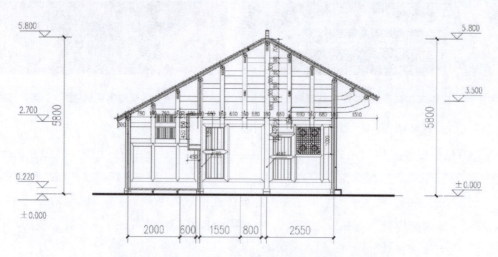

图 4-15 宣恩县两河口村谢祖军、谢祖国老宅剖面图

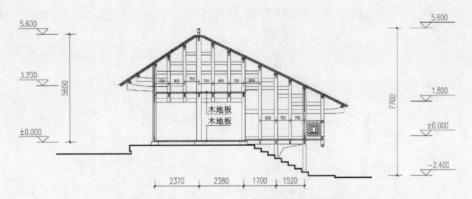

图 4-16 宣恩县两河口村李和君老宅剖面图

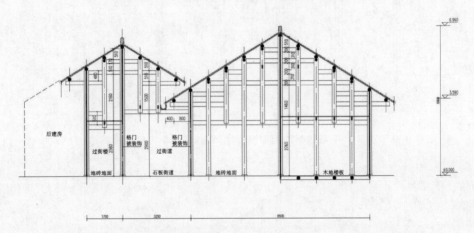

图 4-17 宣恩县庆阳凉亭街唐正伟、唐泽勇、阳仁锋、向现和老宅剖面图

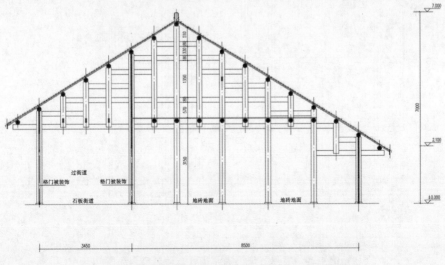

图 4-18 宣恩县庆阳凉亭街李相国、赵菊芝老宅剖面图

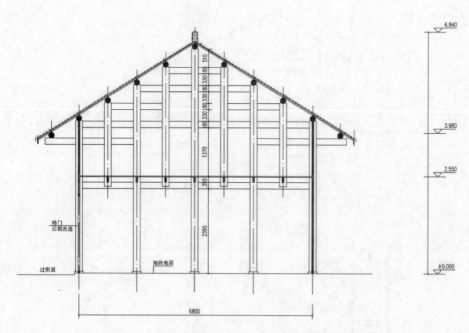

图 4-19 宣恩县庆阳凉亭街李凤芝、谢应华老宅剖面图

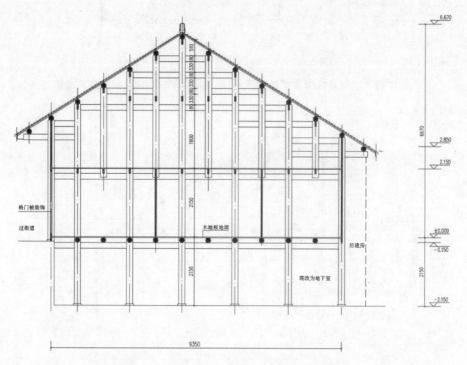

图 4-20 宣恩县庆阳凉亭街余志美老宅剖面图

二、巴东县

巴东县土家族吊脚楼构造实测图如图 4-21 所示。

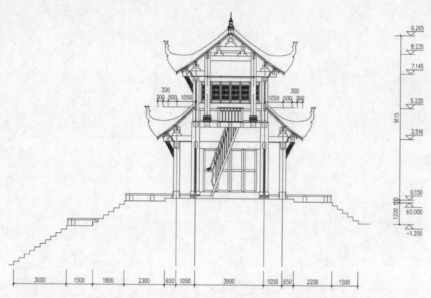

图 4-21　巴东县狮子包秋风亭剖面图

三、恩施市

恩施市土家族吊脚楼构造实测图如图 4-22～图 4-34 所示。

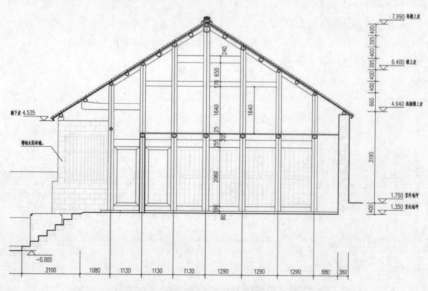

图 4-22　恩施市滚龙坝村炳墙屋剖面图

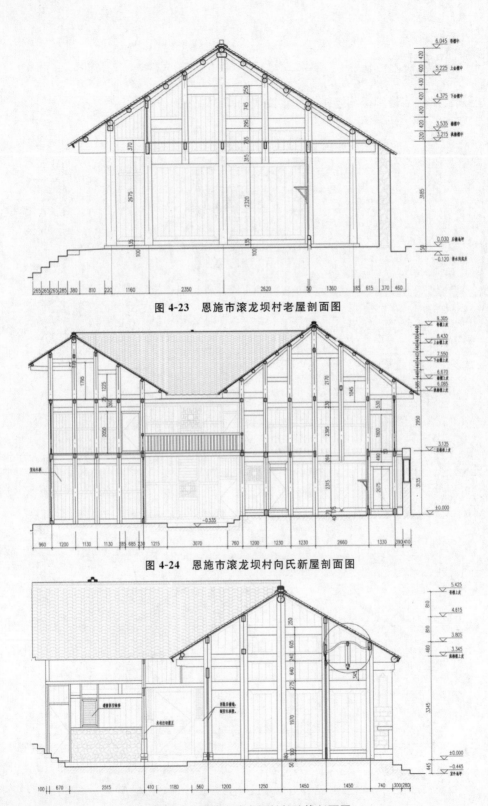

图 4-23　恩施市滚龙坝村老屋剖面图

图 4-24　恩施市滚龙坝村向氏新屋剖面图

图 4-25　恩施市滚龙坝村长阶檐剖面图

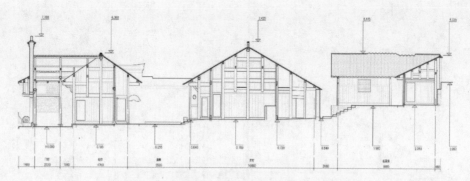

图 4-26　恩施市滚龙坝村狮子屋场中路剖面图

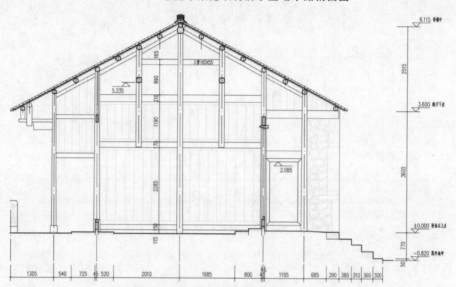

图 4-27　恩施市滚龙坝村向若清屋门厅剖面图

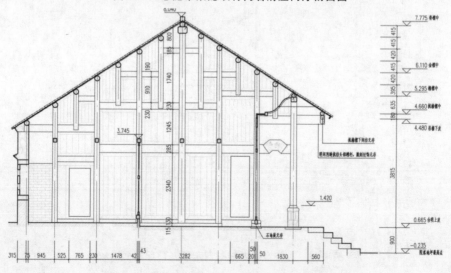

图 4-28　恩施市滚龙坝中村屋场正房现状明间剖面图

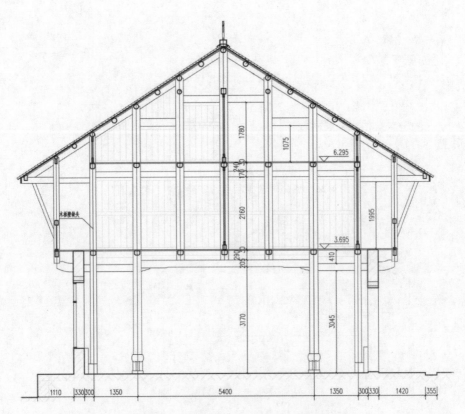

图 4-29 恩施市滚龙坝村新学堂屋剖面图

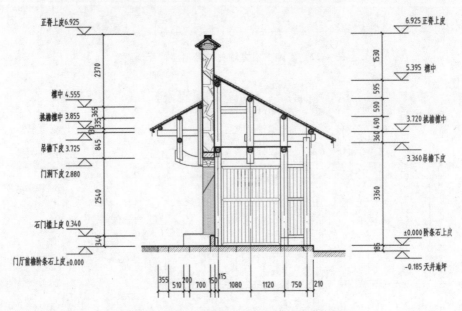

图 4-30 恩施市滚龙坝村四房屋基门厅剖面图

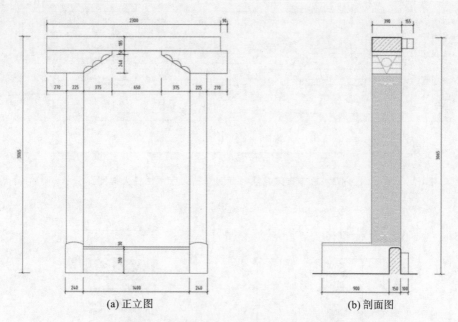

(a) 正立图　　　　　　　　　(b) 剖面图

图 4-31　恩施市滚龙坝村四房屋基门厅石圈

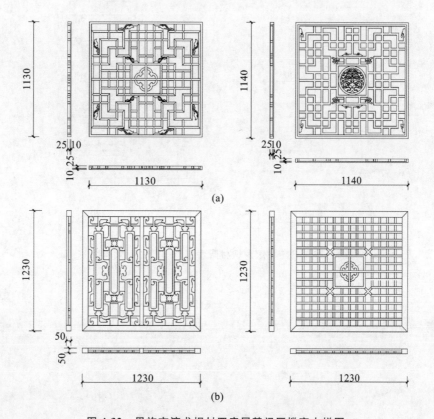

图 4-32　恩施市滚龙坝村四房屋基门厅槛窗大样图

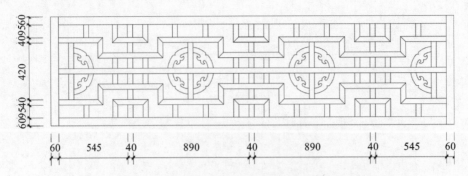

图 4-33 恩施市滚龙坝村四房屋基门厅木栏杆大样图

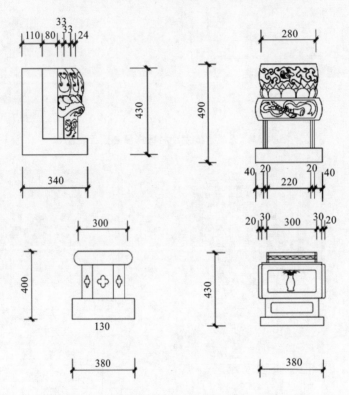

图 4-34 恩施市滚龙坝村四房屋基门厅柱础大样图

第五章 土家族吊脚楼装饰

土家族吊脚楼注重实用，建筑装饰朴素淡雅，相对简洁，衬托了土家族民居朴实的风格；门窗、栏杆、柱、枋、雀替、柱础等是吊脚楼的重点装饰部位。

门窗装饰中，实拼门不做装饰，框档门一般表面做简洁的图案或线条装饰，槅扇门多只在隔心有镂空花纹；直棂窗、平开窗造型简单，花窗则做工比较精细；槅扇门、花窗是土家族吊脚楼难得的细腻装饰部位，装饰纹饰以方格纹、龟背锦、步步锦、拐子锦、灯笼锦等为主，也有常见的花草、飞禽、走兽等花饰，花草以梅花、桃花为主，飞禽多见凤、蝙蝠，走兽如狮、虎等。

柱、枋、雀替装饰中，柱装饰主要在柱头，如吊瓜柱、望柱头、骑柱头，多为金瓜形，也有寿桃、荷叶、莲花等花卉瓜果造型；除以大刀挑、双挑、板凳挑作为吊脚楼典型代表的挑枋细部装饰外，在大型庄园建筑或公共建筑中的月梁、额枋、雀替上多有浮雕装饰，题材以自然山水或耕种、渔猎等生活场景为主。

走栏是吊脚楼的醒目特征，其栏杆做法多样，一般以朴素的直栏杆为主，也有步步锦等简单纹饰，有的栏杆向外弯曲，形成鹤颈式的椅背栏杆，即吊脚楼的美人靠。

一般吊脚楼民居的柱础为简单的方形石块，表面不做雕刻装饰；同样在大型庄园建筑或公共建筑中，柱础装饰则显得造型活泼，精美繁复。

总体而言，土家族吊脚楼在装饰手法和题材上受汉文化的影响较为明显，尤其在门窗、梁枋及柱础等装饰部位，呈现出与汉文化一定程度的均质性，但在部分装饰细节，如挑枋造型纹饰上，也有独到之处，体现了土家族民族文化的创造性。

第一节 门 窗

一、堂屋门、对子门、单扇门、迁子门

实拼门多用于大门、侧门及后门，以牢固耐用为主，不做装饰，在立面章节已有介绍；框档门、槅扇门，在形式上主要有"真六合门""假六合门""对子门""迁子门"等类型。

（一）真六合门

真六合门即由六扇门扇组成的门，且每扇门扇均可开启。门扇样式多为隔扇门，隔心图案精美，如图 5-1 所示。

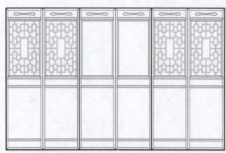
彭继艮宅正屋大门CAD测绘图
（图片来源：湖北省古建中心）

彭继艮宅正屋大门照片

严家祠堂正屋大门

真六合门开启状态（李盖五庄园正院后堂大门）

杉木坝尹家大宅偏院正门

图 5-1　真六合门图样

（二）假六合门

假六合门外观与真六合门相同，但仅有中心的两扇门扇可开启，两侧的四扇门扇在功能上与窗相似，故称假六合门，如图 5-2 所示。

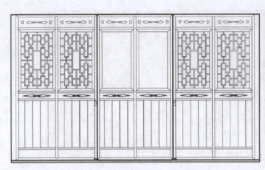
彭继书宅正屋大门CAD测绘图
（图片来源：湖北省古建中心）

彭继书宅正屋大门照片

白果坝02正屋大门

白果坝04正屋大门

图 5-2　假六合门图样

（三）对子门

对子门，顾名思义，即一对相同的门扇组成的双开门，如图 5-3 所示。恩施土家族吊脚楼的对子门多作为厢房门。对子门两侧多设有夹门窗，也有无夹门窗的样式。

（四）迁子门

土家族吊脚楼起吊的部分也叫作"龛子"，又称"迁子"，故设于龛子的走廊入口的门成为迁子门，如图 5-4 所示。迁子门的构造形式为高度 1 米左右的小门，多为直棂形式，也有比较复杂的图案，其阻挡功能较弱，主要起到划分空间的作用。

（五）建筑内其他门（厢房门、廊门、室内房门等）

建筑内其他门（厢房门、廊门、室内房门等），如图 5-5 所示。

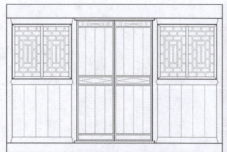
彭祖强宅厢房门CAD测绘图
（图片来源：湖北省古建中心）

彭祖强宅厢房正门

当门坝10正屋大门

王母洞04厢房耳门

当门坝12正屋大门

当门坝08正屋大门

当门坝11厢房门

彭家寨04（对子门无夹门窗）

图5-3　对子门图样

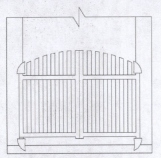
小腊壁宋玉相宅迁子门图示
（图片来源：作者绘制）

小腊壁宋玉相宅迁子门

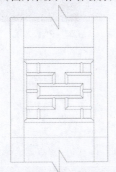
彭家寨01迁子门图示
（图片来源：作者绘制）

彭家寨01迁子门

唐崖土司城02迁子门

唐崖土司城05迁子门

图 5-4　迁子门图样

| 观音堂厢房门 | 观音堂厢房门 | 尹家大院 |

图 5-5　建筑内其他门图样

二、窗

同一组门窗,窗花和隔心部位的纹样一般相同或相近,通常有简单方格纹、龟背锦、步步锦、拐子锦、灯笼锦、冰裂纹、混合图案式等纹样。

（一）方格纹

方格纹是使用插接手法将长木条以槽口对接,形成的简单的方格形图案,如图 5-6 所示。方格纹是较为简单的一种窗花形式,多见于普通民居。

（二）龟背锦

龟背锦是以木条拼合而成,其形状像乌龟背部上的龟纹状,故称"龟背锦",如图 5-7 所示。龟纹是玄武神的象征,意为健康长寿,无病无灾。

（三）步步锦

步步锦由规则的几何图案组成,主要由直棂和横棂造型而成,直棂与横棂独立地纵横着,各自端头连着对方的中部与边部形成"丁"字形状,直棂、横棂外长而内短,彼此相接形成一步步变化的图案,如图 5-8 所示。步步锦表达着建筑主人在事业上事事成功、做官步步高升的美好愿望,同时有四方窗棂的寓意。

（四）拐子锦

拐子纹和回纹类似,区别是拐子纹中间有间断,回纹中间没有间断,如图 5-9 所示。拐子纹同回纹寓意相同,都是代表子孙连绵不断。

(五)灯笼锦

灯笼锦由各式灯笼的象征图案组成,棂花的样式多样,层次丰富,有透雕效果,十分华丽精巧,如图5-10所示。此类窗花一般多见于规格较高的富户庄园,象征着建筑的主人财源不断、丰衣足食。

(六)冰裂纹

冰纹图案的形状无一定规则,是一种千变万化的自然裂纹,它与规整的图案形成鲜明的对比反差,是一种自然和谐的符号,如图5-11所示。

(七)混合图案式

混合图案式图样如图5-12所示。

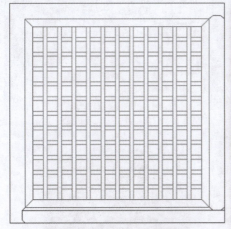

当门坝02正屋夹门窗CAD测绘图
(图片来源:湖北省古建中心)

当门坝02正屋夹门窗

当门坝11正屋前檐窗

当门坝08正屋夹门窗

图 5-6　格纹窗图样

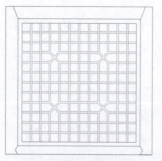

当门坝04正屋后檐窗图示
（图片来源：湖北省古建中心）

当门坝04正屋后檐窗

当门坝06正屋前檐窗

当门坝09正屋右次间窗

当门坝09正屋左次间窗

唐崖土司城01-C01

当门坝11正屋窗

图 5-7　龟背锦图样

第五章 土家族吊脚楼装饰 167

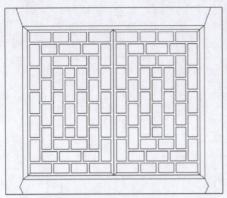

彭家寨01-C01 CAD测绘图
（图片来源：湖北省古建中心）

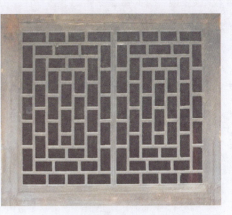

彭家寨01-C01

唐崖土司城01-C02

唐崖土司城02-C01

当门坝10正屋夹门窗

彭家寨02

图 5-8 步步锦图样

彭继权屋C01CAD测绘图
（图片来源：湖北省古建中心）

彭继权屋C01

严家祠堂C01

唐崖土司城08-C01

王母洞01-C01

观音堂C01（葵式拐子锦）

图 5-9　拐子锦图样

李盖五庄园C01图示
（图片来源：湖北省古建中心）

李盖五庄园C01

李盖五庄园C02

当门坝12正屋夹门窗

唐崖土司城06-C01

唐崖土司城09-C01

图 5-10　灯笼锦图样

尹家大院　　　　　　　　　　　　杉木坝01

图 5-11　冰裂纹图样

尹家大院偏院C01　　　　　　　　　石狮子屋

李盖五庄园　　　　　　　　　　　尹家大院

图 5-12　混合图案式图样

第二节 柱、枋、雀替、撑拱

一、柱

（一）吊瓜柱

吊瓜柱类似于垂花柱，为挑枋下悬挑的木柱，多见于吊脚楼龛子走栏处以及板凳挑、大刀挑；纹饰常以莲蓬、葵花、金瓜为主，寓意多子多福；吊瓜柱按是否有瓜可分为两个类型。

1. 龛子的无瓜型吊瓜柱

短柱悬空直接垂下，在端头使用斧头等工具简单地刻以深纹或者花瓣的造型，简洁大方，具有土家族吊脚楼典型特色，如表 5-1 所示。

表 5-1 无瓜型吊瓜柱图样

类　　别	现 状 照 片	现 状 照 片
无瓜型吊瓜柱	DGZ01 彭家寨民居吊瓜柱	DGZ02 王母洞民居吊瓜柱

图片来源：作者拍摄

2. 龛子的有瓜型吊瓜柱

檐柱下面做成垂瓜的造型，图案感强，此种类型根据是否有托盖，具体可细分为以下五种类型。

（1）有瓜无托型。

檐柱下有吊瓜，吊瓜造型简洁明了，上无托盖，装饰较为朴素，如表 5-2 所示。

表 5-2 有瓜型吊瓜柱(有瓜无托)图样

类　　别	现状照片	现状照片
有瓜型吊瓜柱 （有瓜无托）	DGZ03 尖水坪镇王永洲宅吊瓜柱 （南瓜纹样，细纹）	DGZ04 白果坝民居吊瓜柱 （瓜体无纹样）
	DGZ05 火烧营民居吊瓜柱 （扁瓜体，梭形纹）	DGZ06 彭家寨民居吊瓜柱 （瓜体下大上小，下部边缘似花瓣）
	DGZ07 杉木坝民居吊瓜柱 （方柱下有细纹，下有圆瓜体）	DGZ08 彭家寨民居吊瓜柱 （六边形鼓型）
图片来源：作者拍摄		

(2) 瓜上有托型。

檐柱下有吊瓜，吊瓜造型简洁明了，上有托盖，装饰层次较为丰富，如表 5-3 所示。

表 5-3 有瓜型吊瓜柱(瓜上有托)图样

类　别	现　状　照　片	现　状　照　片
有瓜型吊瓜柱（瓜上有托）	DGZ11 当门坝民居吊瓜柱（托盖细纹，瓜体纹路较深）	DGZ12 彭家寨民居吊瓜柱（上有荷叶托盖，瓜体有浅纹）
	DGZ13 白果坝民居吊瓜柱（上有荷叶托盖，瓜体有纹样，瓜下有蒂）	DGZ14 白果坝民居吊瓜柱（上有荷叶托盖，瓜体有纹样，瓜下有蒂）
	DGZ15 彭家寨民居吊瓜柱（上有托盖，瓜体有纹样，瓜下有蒂）	DGZ16 彭家寨民居吊瓜柱（上有托盖，瓜体纹路较深，瓜下有蒂）
	DGZ17 彭家寨民居吊瓜柱（上有托盖，瓜体似钟形）	

续表

类　别	现状照片	现状照片
有瓜型吊瓜柱（瓜上有托）	DGZ18 彭家寨民居吊瓜柱（上有荷叶托盖，瓜体上有细纹）	
	 DGZ19 彭家寨民居吊瓜柱（上有荷叶托盖，瓜体似灯笼）	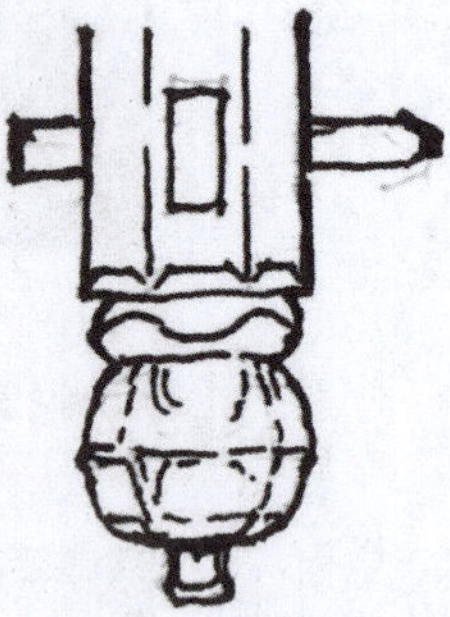 DGZ19 彭家寨民居吊瓜柱图示（上有荷叶托盖，瓜体似灯笼）
	 DGZ20 彭家寨民居吊瓜柱（上有多层托盖，瓜体纹路较深）	 DGZ20 彭家寨民居吊瓜柱图示（上有多层托盖，瓜体纹路较深）

续表

类别	现状照片	现状照片
有瓜型吊瓜柱 (瓜上有托)	DGZ21 彭家寨民居吊瓜柱 (上有多层托盖,瓜体纹路较深)	DGZ22 彭家寨民居吊瓜柱 (上有多层托盖,瓜体似灯笼造型)
	DGZ24 杉木坝民居吊瓜柱 (上有荷叶托盖,瓜体纹路较深)	DGZ27 李盖五庄园吊瓜柱 (扁柱有莲花托,下有垂花柱头)

图片来源:作者拍摄、绘制

(3) 瓜上下有托型。

檐柱下有吊瓜,吊瓜造型简洁明了,上下皆有托盖,装饰层次较为丰富,如表5-4所示。

表 5-4 有瓜型吊瓜柱(瓜上下有托型)图样

类别	现状照片	现状照片
有瓜型吊瓜柱 (瓜上下有托)	DGZ28 尖水坪镇民居吊瓜柱 (上荷叶托盖,南瓜纹,下托盖扁圆形)	DGZ29 唐崖土司城民居吊瓜柱 (上托盖细齿纹,下托盖无纹)

续表

类　　别	现　状　照　片	现　状　照　片
有瓜型吊瓜柱 （瓜上下有托）	DGZ30 当门坝民居吊瓜柱 （上下托盖扁圆形梭形纹，瓜体梭形纹）	DGZ31 当门坝民居吊瓜柱 （上下托盖扁圆形四周 有弧形造型，瓜体细纹）
	DGZ32 唐崖土司城民居吊瓜柱 （上下荷叶托盖，瓜体光滑）	DGZ33 唐崖土司城民居吊瓜柱 （上下多边形托盖，瓜体光滑）
	DGZ34 彭家寨民居吊瓜柱 （上下托盖及瓜体有刀刻纹样）	DGZ35 彭家寨民居吊瓜柱 （上下托盖及瓜体有刀刻纹样）
图片来源：作者拍摄		

(4) 瓜下有托型。

檐柱下有吊瓜，吊瓜造型简洁明了，上无托盖，下有托盖，装饰层次较为丰富，如表 5-5 所示。

表 5-5　有瓜型吊瓜柱(瓜下有托)图样

类　　别	现　状　照　片
有瓜型吊瓜柱 (瓜下有托)	DGZ36 唐崖土司城民居吊瓜柱 (瓜体下有双层托盖)
图片来源:作者拍摄	

(5) 瓜不下垂型。

湘西永顺县双凤村檐柱下吊瓜的一种处理手法,吊瓜通常与栏杆底部平齐,并不下垂,装饰形式特殊,具有不同的艺术效果,如表 5-6 所示。常见造型有南瓜型、宝瓶型等。

表 5-6　有瓜型吊瓜柱(瓜不下垂)图样

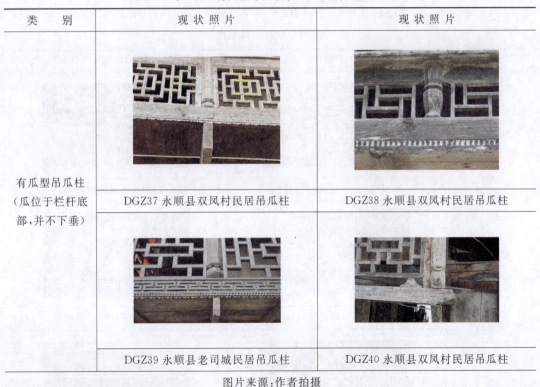

类　　别	现　状　照　片	现　状　照　片
有瓜型吊瓜柱 (瓜位于栏杆底部,并不下垂)	DGZ37 永顺县双凤村民居吊瓜柱	DGZ38 永顺县双凤村民居吊瓜柱
	DGZ39 永顺县老司城民居吊瓜柱	DGZ40 永顺县双凤村民居吊瓜柱

图片来源:作者拍摄

3. 挑枋的吊瓜柱

(1) 短柱无瓜:吊脚楼板凳挑的一种类型,立柱无装饰,简洁大方,如表 5-7 所示。

表 5-7　短柱无瓜图样

类　别	现　状　照　片	现　状　照　片
板凳挑 （立柱无瓜型）	BDT01 小腊壁民居板凳挑	BDT02 杉木坝民居板凳挑
	BDT03 火烧营民居板凳挑	
来源：作者拍摄		

（2）短柱有瓜：吊脚楼板凳挑的一种类型，立柱有瓜装饰，细节较为丰富，如表 5-8 所示。

表 5-8　短柱有瓜图样

类　别	现　状　照　片	现　状　照　片
板凳挑 （短柱有瓜型）	BDT06 小腊壁民居板凳挑	BDT07 小腊壁民居板凳挑
	BDT08 小腊壁民居板凳挑	BDT09 小腊壁民居板凳挑
	BDT10 小腊壁民居板凳挑	BDT11 小腊壁民居板凳挑

续表

类　别	现状照片	现状照片
板凳挑 （短柱有瓜型）	BDT12 王母洞民居板凳挑	BDT12 王母洞民居板凳挑图示
	BDT13 王母洞民居板凳挑	BDT14 小腊壁民居板凳挑

来源：作者拍摄、绘制

(3) 短柱有垂瓜：吊脚楼板凳挑的一种类型，立柱吊瓜装饰，如表5-9所示。

表5-9　短柱有垂瓜图样

类　别	现状照片	现状照片
板凳挑 （短柱有垂瓜型）	BDT15 杉木坝民居板凳挑	BDT16 火烧营民居板凳挑

来源：作者拍摄

（二）骑柱头

骑柱又称为"瓜"或者"瓜柱"，上承檩条，下骑穿枋，如表5-10所示。它在土家族吊脚楼中的作用是接受屋顶传递过来的垂直重力荷载，并转移到所骑的横向穿枋上。这种做法既节省了木料,又扩大了空间,在两个落地柱之间有一瓜、二瓜乃至三瓜。

骑柱装饰多集中于骑柱头的位置,纹饰常见的有桃形、瓜形、虎形等。

表5-10 骑柱头装饰图样

类型	现状照片	现状照片
骑柱头装饰	QZT01 小腊壁民居骑柱装饰（上下有托,瓜体中有桃,外衬绿叶）	QZT02 小腊壁民居骑柱装饰（瓜体梭形纹样,上下有瓜）
	QZT05 白果坝民居骑柱装饰（瓜体成桃形,寓意长寿）	QZT06 白果坝民居骑柱装饰（瓜体成桃形,寓意长寿）
	QZT07 高罗民居骑柱装饰（柱头做简单盾形图案装饰）	

图片来源:作者拍摄

（三）耍柱头

耍柱头多见于吊瓜柱中间部位,纹饰以瓜或者花为主,如表5-11所示,常见有南瓜细纹、梭形纹等,托盖常为圆形或者多边形、荷叶形等。

表 5-11　耍柱头装饰图样

类　　别	现 状 照 片	现 状 照 片
耍柱头	SZT01 小腊壁民居耍柱头	SZT02 小腊壁民居耍柱头
	SZT03 唐崖土司城民居耍柱头	SZT04 老司城民居耍柱头 （耍柱头直接落于栏杆上）
	SZT05 双凤村民居耍柱头	SZT06 双凤村民居耍柱头

图片来源：作者拍摄

（四）望柱头

望柱主要位于龛子走栏部位，除瓜体以外，也有瑞兽装饰，如表 5-12 所示。

表 5-12　望柱头装饰图样

类　　别	现 状 照 片	现 状 照 片
望柱头	WZT01 小腊壁民居望柱头 （下有托盖，瓜体表面较光滑）	WZT02 唐崖土司城民居望柱头 （上荷叶托盖，下多棱台托盖，南瓜细纹）

续表

类　别	现　状　照　片	现　状　照　片
望柱头	WZT03 唐崖土司城民居望柱头（上荷叶托盖，下多棱台托盖，南瓜无纹）	WZT04 唐崖土司城民居望柱头（上荷叶托盖，托盖上有槲，下多棱台托盖，南瓜棱形纹）
	WZT05 唐崖土司城民居望柱头（上荷叶托盖，托盖上有莲花，下瓣荷叶托盖，南瓜棱形纹）	WZT06 唐崖土司城民居望柱头（上荷叶托盖，托盖上有莲花，下细瓣荷叶托盖，南瓜棱形纹）
	WZT07 唐崖土司城民居望柱头（上荷叶托盖，托盖上有瓜，下细瓣荷叶托盖，南瓜棱形纹）	WZT09 小腊壁民居室内望柱头（上有托盖，瓜体表面棱形纹）

续表

类　　别	现 状 照 片	现 状 照 片
望柱头	WZT12 杉木坝尹府室内望柱头	
	WZT13 杉木坝尹府室内望柱头（方柱莲花托上有瓜）	WZT14 杉木坝尹府室内望柱头（方柱托上有瑞兽）
图片来源：作者拍摄		

二、枋

以下主要介绍穿插枋。穿插枋又称"挑间随梁"，如表 5-13 所示。恩施地区的穿插枋装饰多见于清末时期大户民居宅院，图案多样，寓意丰富。

三、雀替

雀替原是放在柱子上端用来与柱子共同承受上部压力的物件，具体位置在梁与柱或枋与柱的交接处，如表 5-14 所示。它除了具有一定的承重作用外，还可以减少梁、枋的跨距或是增加梁头的抗剪能力。

表 5-13 穿插枋装饰图样

类 型	现 状 照 片	现 状 照 片
穿插枋	CCF01 严家祠堂穿插枋 笆子形	CCF01 严家祠堂穿插枋图示 笆子形
	CCF05 严家祠堂冲天楼穿插枋 扇形	CCF03 杉木坝尹府穿插枋 扇形
	CCF04 杉木坝尹府穿插枋 扇形	CCF04 杉木坝尹府穿插枋图示 扇形
来源：作者拍摄绘制		

表 5-14　雀替装饰图样

类　型	现 状 照 片	现 状 照 片
雀替	QT01 滚龙坝石狮子屋雀替	QT01 滚龙坝石狮子屋雀替图示
	QT02 滚龙坝石狮子屋雀替	QT02 滚龙坝石狮子屋雀替图示
	QT03 杉木坝尹府雀替	
图片来源:作者拍摄、绘制		

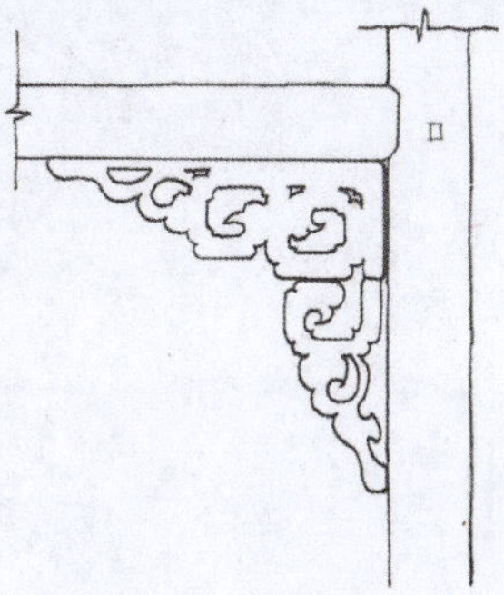

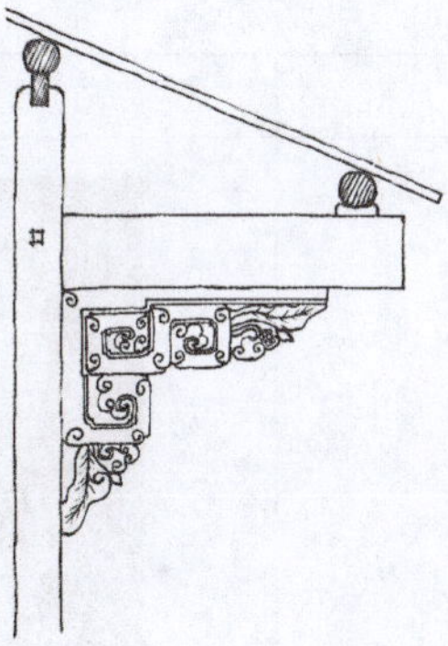

四、撑拱

撑拱是在檐柱外侧支撑挑檐檩或挑檐枋的斜撑构件,其上部是由柱子伸出的挑枋承托挑檐檩或挑檐枋,如图 5-13 所示。它主要在建筑挑檐与檩之间起支撑作用,使外挑的屋檐达到遮风避雨的效果,又能将其重力传到檐柱,使其更加稳固,如表 5-15 所示。

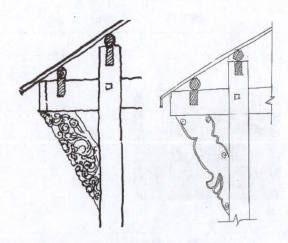

图 5-13 撑拱装饰图样(图示)

表 5-15 撑拱装饰图样

类 型	现 状 照 片	现 状 照 片
撑拱	CG01 李盖五庄园撑拱	CG02 李盖五庄园撑拱
	CG03 李盖五庄园撑拱	CG05 李盖五庄园撑拱

续表

类 型	现状照片	现状照片
撑拱	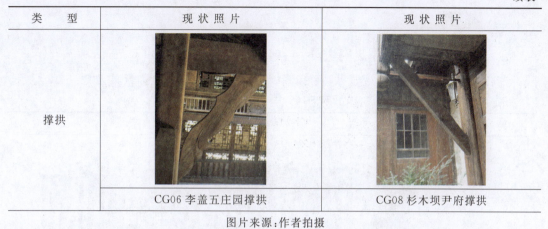	
	CG06 李盖五庄园撑拱	CG08 杉木坝尹府撑拱

图片来源：作者拍摄

第三节　其他（封檐板、栏杆、柱础、门簪）

一、封檐板

封檐板又称"檐口板""遮檐板"，是设置在坡屋顶挑檐外边缘上瓦下的通长木板，如图5-14所示。它主要用来遮挡挑檐的内部构件，使其不受雨水浸蚀以及增加建筑美观度。

图 5-14　当门坝民居封口板

二、栏杆

栏杆中国古称"阑干",也称"勾阑",是桥梁和建筑上的安全设施。栏杆在使用中起分隔、导向的作用,使被分割区域边界明确清晰,设计好的栏杆很具装饰意义,如表 5-16 所示。

表 5-16 栏杆装饰图样

类 型	现 状 照 片
栏杆	LG01 当门坝民居栏杆LG02 李盖五庄园栏杆LG03 李盖五庄园栏杆

续表

类　型	现　状　照　片
栏杆	LG03 李盖五庄园栏杆 CAD 线稿图  LG04 李盖五庄园栏杆  LG11 火烧营民居栏杆

续表

类 型	现 状 照 片
栏杆	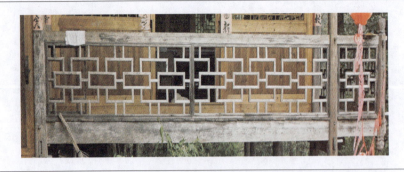 LG12 彭家寨民居栏杆 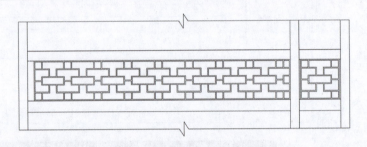 LG12 彭家寨民居栏杆 CAD 测绘图  LG13 杉木坝民居栏杆  LG14 唐崖土司城栏杆

续表

类 型	现 状 照 片
栏杆	 LG15 唐崖土司城栏杆  LG16 唐崖土司城栏杆  LG17 小腊壁民居栏杆  LG18 小腊壁民居栏杆

续表

类　型	现　状　照　片
栏杆	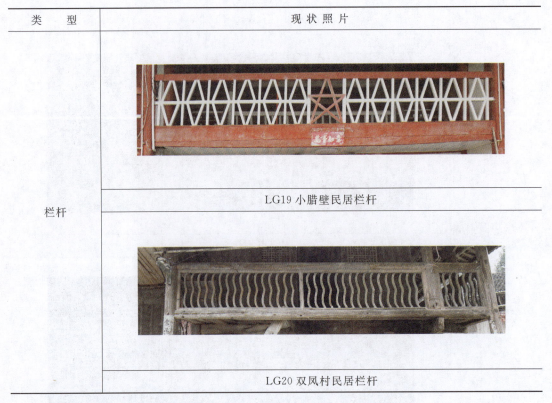 LG19 小腊壁民居栏杆 LG20 双凤村民居栏杆

三、柱础

柱础(见图 5-15)常见的有几何型、宝瓶型、鼓型、组合型等类型,多元化特征明显。

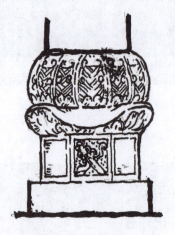

图 5-15　柱础图示

（一）几何型柱础

此类造型简洁大方，表面有简单刻纹，整体呈立方体造型，如表 5-17 所示。此类柱础多用于民居及庄园或祠堂建筑的辅助空间区域。

表 5-17 几何型柱础装饰图样

类　　型	现　状　照　片	现　状　照　片
几何型柱础	FXZC05 李盖五庄园柱础	FXZC06 李盖五庄园柱础
	FXZC16 严家祠堂附近民居柱础（八棱柱造型，上有石刻莲花）	FXZC18 严家祠堂柱础

来源：作者拍摄、绘制

（二）宝瓶型柱础

宝瓶型柱础造型类似宝瓶，特点是造型较为低矮、粗大，如表 5-18 所示。

表 5-18 宝瓶型柱础装饰图样

类　　型	现　状　照　片	现　状　照　片
宝瓶型柱础	BPXZC01 严家祠堂柱础 （束腰，上有鹿、花等装饰）	BPXZC01 严家祠堂柱础图示 （束腰，上有鹿、花等装饰）
	BPXZC02 严家祠堂柱础 （束腰，整体造型流畅）	BPXZC03 高罗民居柱础

来源：作者拍摄、绘制

（三）鼓型柱础

鼓型柱础，其造型为鼓型，特点是柱础常与基座结合，如表 5-19 所示。

表 5-19 鼓型柱础装饰图样

类　　型	现　状　照　片	现　状　照　片
鼓型柱础	GXZC01 高罗民居鼓型柱础 （鼓型＋八边形基座）	GXZC02 高罗民居鼓型柱础 （鼓型＋八边形基座）

续表

类　　型	现状照片	现状照片
鼓型柱础	GXZC03 高罗民居鼓型柱础（鼓型＋八边形基座）	GXZC04 高罗民居鼓型柱础（鼓型＋八边形基座）
	GXZC05 高罗民居鼓型柱础（鼓型＋八边形基座）	GXZC06 高罗民居鼓型柱础（鼓型＋八边形基座）
	GXZC08 李盖五庄园鼓型柱础（鼓型＋基座型柱础）	GXZC10 高罗民居鼓型柱础

续表

类　型	现状照片	现状照片
鼓型柱础	GXZC15 彭家寨鼓型柱础	GXZC16 彭家寨鼓型柱础 （鼓型＋八边形柱础）
	GXZC17 杉木坝尹府鼓型柱础 （双鼓型柱础）	GXZC18 杉木坝尹府鼓型柱础 （鼓型荷叶裙边＋基座型柱础）
	GXZC19 杉木坝尹府鼓型柱础 （鼓型＋基座型柱础）	GXZC20 杉木坝尹府鼓型柱础 （鼓型＋方形基座型柱础）

续表

类　型	现状照片	现状照片
鼓型柱础	GXZC21 杉木坝尹府鼓型柱础	GXZC22 杉木坝尹府鼓型柱础（鼓型＋八边形柱础）
	GXZC23 杉木坝尹府鼓型柱础（鼓型＋基座型柱础）	GXZC24 杉木坝尹府鼓型柱础（鼓型荷叶裙边＋八边形柱础）
	GXZC25 严家祠堂柱础（鼓型＋八边形基座）	GXZC26 严家祠堂柱础（鼓型下衬荷叶裙边＋八边形基座）

续表

类型	现状照片	现状照片
鼓型柱础	GXZC27 严家祠堂柱础（鼓型＋六边形基座）	GXZC28 严家祠堂柱础（鼓型＋六边形基座）
	GXZC29 严家祠堂柱础（素瓶鼓墩加櫍,下部为八边形基座）	GXZC30 严家祠堂柱础（鼓型＋八边形基座）

来源:作者拍摄

（四）组合型柱础

除以上形式比较明确的柱础类型外,还有多种形式进行组合而成的柱础,这类柱础形式更加多样,呈现出更为复杂的审美效果,如表5-20所示。

四、门簪

土家族吊脚楼门簪形式一般有圆形、六边形,以六边形居多,长按中槛厚一份,连槛厚一份半,再加本身径的四分之五即长,径按中槛高的五分之四或按门口宽的九分之一,如表5-21所示。

表 5-20 组合型柱础装饰图样

类　　型	现　状　照　片	现　状　照　片
组合型柱础	ZHXZC07 王母洞民居柱础 （方形、鼓型、六边形多层次组合）	ZHXZC07 王母洞民居柱础图示 （方形、鼓型、六边形多层次组合）
	ZHXZC09 严家祠堂柱础 （圆柱形＋鼓型＋八边形柱础）	
来源：作者拍摄、绘制		

表 5-21　门簪装饰图样

类　别	现　状　照　片	现　状　照　片
门簪	MZ01 大村民居门簪	MZ02 小腊壁宋玉相宅门簪
	MZ03 小腊壁民居门簪	MZ04 尖山镇王永洲宅门簪
	MZ05 当门坝民居门簪	MZ06 当门坝民居门簪
	MZ07 当门坝民居门簪	MZ08 当门坝民居门簪
	图片来源：作者拍摄	

第六章　土家族吊脚楼材料

土家族吊脚楼就地取材,主要材料为武陵山区盛产的木材,也包括竹、树皮、茅草等,除此之外还包括石料及黏土烧制的砖瓦,这些天然材料的应用使吊脚楼与周边自然环境和谐相融。

不同的材料使用,需要结合材质的特点。比如,在吊脚楼居住的卧室,一般铺设架空的木地板,以提高居住的舒适性;在祭祀和办理婚丧大事的堂屋,需要铺设平整、坚硬的三合土地面;在室外则需要铺设防水性好的石材地面;用于承重的木构架一般使用质地坚硬的杉木;用于装饰的一般使用椿木、柏木等质地较软的木材等。

一栋吊脚楼的营造,具体在材料材质的优劣、规格大小、工艺做法等方面,又取决于屋主的财力、地势地貌、需求爱好、工匠手艺等因素。

第一节　地　面　材　料

土家族吊脚楼地面材料一般为素土、三合土、木板、石材、青砖等,如表 6-1 所示。

表 6-1　土家族吊脚楼地面材料

类　型	案 例 照 片
素土	
三合土	

续表

类 型	案例照片
木板	
石材	

一、素土

素土地面即直接将地面平整后夯实而成的地面。其特点是施工便利,价格低廉,但地面不隔潮、易起灰磨损。多用于吊脚楼院坝地面,室内堂屋、火塘屋也有应用,已不常见。

二、三合土

三合土一般由石灰、黏土掺沙子或炉渣制成。三合土制作工艺复杂,白灰的选用、泼灰的制作、拌合、配比、夯实等都有严格讲究。三合土的做法因匠人传承手法不同,各地均有不同。严格按传统工艺的做法制作的优良三合土地面,质地坚硬、平整,并具有良好的防潮性能,历经百年仍可使用。讲究的还会在三合土地面刻画各种纹饰图案,起到装饰作用。三合土常用于建筑堂屋、火塘屋、卧室等空间地面。

三、木板

木板一般用于室内架空地面,底部设地脚枋,平缝或企口拼接,材料一般为猴梨木、椿木、杉木、柏木、枞木,具有干燥、隔潮等特点,舒适度较高。木地板常用于建筑居室、架空走道、火塘屋等空间地面。

四、石材

石材来源主要是武陵山区常见的青石、砂岩,首先将开采的石料加工成石条,铺地时先夯铺一些灰土,再以灰浆座浆铺设。石材材质较为坚硬,具有耐候性好、耐风化等特点,常用于天井院及室外院坝地面。

五、青砖

由于制作工艺等原因,青砖材料在吊脚楼建造中并不常见,仅用于大型庄园、祠堂等建筑墙体或外廊地面。

第二节 墙体材料

土家族吊脚楼墙体材料包括木板、竹、砖、夯土及石材等,如表 6-2 所示。

表 6-2 土家族吊脚楼墙体材料

类 型	案 例 照 片
木板	
竹	

续表

类　型	案例照片
砖、夯土及石材	

一、木板

木板是吊脚楼墙体的主要材料,木板墙构造上包括平缝、一板含、落膛等做法,材质一般为杉木、枞木、柏木、楠木。

二、竹

限于经济原因,有些吊脚楼墙体以竹子加工而成,价格低廉,但这种做法并不常见。竹墙工艺简单,墙体密封性较差。制作时将竹子加工成竹条,编制在穿枋之上,做法与竹骨泥墙相似,起到封护的作用。

三、砖、夯土及石材

以砖、夯土及石材作墙体材料较为少见,主要因为材料获取、加工较为困难,一般多见于庄园、祠堂等建筑,以防御功能为主。

第三节　木构材料(木材)

一、木材材质

土家族吊脚楼各部位木构件一般需要根据其受力特点选择相应的木材,承重构架以材料密度细腻、强度耐久的硬木为主,装饰构架以易于加工的软木为主,如表6-3所示。

二、常见木材树种

武陵山区木材种类多样、储量丰富。本地所产常用木材树种有杉树(本地刺杉)、樟子松、枞树(马尾松)、椿树、锥栗树、楠木、柏树、柳树等,如表6-4所示。

表 6-3　土家族吊脚楼木构材料材质

构件类型	构件部位	构件名称	用材种类
主体排扇结构部分	竖向承重构件	中柱	主要为杉木、椿木、柏木、枞木
		将军柱	主要为杉木、椿木、柏木、枞木
		骑柱	主要为杉木、椿木、柏木、枞木
		檐柱	主要为杉木、捕木、紫木、枞木、柏木、椿木
	横向承重构件	穿枋	主要为柏木、枞木
		挑枋	主要为柏木、枞木
		地脚枋	主要为椿木、枞木
		斗枋	主要为椿木、枞木
房屋辅助组成部分	屋顶	檩	主要为杉木、枞木
		椽子	主要为杉木、枞木
		封檐板	主要为杉木、枞木、柏木
	立面	栏杆	主要为杉木、猴梨木、楠木
		门窗	主要为猴梨木、椿木、杉木、柏木、枞木
		木板壁	主要为杉木、枞木、柏木、楠木
	地面	楼地板	主要为猴梨木、椿木、杉木、柏木、枞木
		楼梯	主要为杉木、枞木、柏木

表 6-4　土家族吊脚楼常见木材树种

类型	特点	案例照片
杉树	纹理直顺，木质轻韧，强度较低，适合加工；耐腐性较好；干燥后开裂，但不变形，且带有香气，生长较快，是建筑主要的木构材料	

续表

类　型	特　点	案例照片
樟子松	强度较杉树低,切面光滑带有光泽,干后不易变形、不易崩裂,耐腐性中等,且带有香气。储量大,木材大而长,价格相对便宜,目前被广泛应用	
枞树	树干直,生长快。但自身湿度大,油性重,不耐潮。在武陵山区储量较大,一般多用于制作椽皮	
椿树	材质较硬,纹理均匀,易遭虫蛀,有光泽,耐腐力强,不翘,易裂,不易变形	

续表

类　型	特　点	案例照片
锥栗树	木质较硬，性质稳定，不易变形、开裂，颜色花纹耐看，多用来做装饰	
楠木	木质坚硬，经久耐用，变形小，易加工，耐腐朽，材料昂贵，上等木质材料，一般建筑使用较少	
柏树	纹理斜曲，易于加工，切削面光洁，坚固耐用，材质密，不易腐烂	

续表

类　型	特　点	案例照片
柳树	生长较快，木材性软、材质细腻、耐风化，多用作装饰部分	

第四节　屋面材料

土家族吊脚楼的屋面主要是采用小青瓦覆盖，少数附属用房覆盖竹瓦、茅草、树皮和石板，如表6-5所示。

表6-5　土家族吊脚楼屋面材料

类　型	案例照片
小青瓦	
竹瓦	

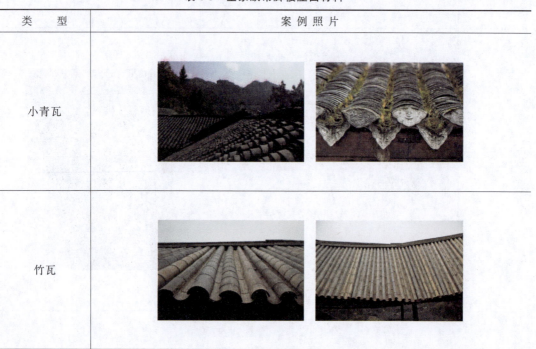

续表

类　型	案例照片
茅草、树皮和石板	

一、小青瓦

小青瓦指以黏土为主要原材料，按传统工艺烧制而成的青灰色手工烧结瓦。吊脚楼小青瓦屋面一般为干摆，压七露三直接铺设在屋面椽条之上，具有良好的防水性能，易于维护。

二、竹瓦

竹瓦以竹子为主要原材料，沿竹子中心一分为二，加工平整后直接盖在屋面上。竹瓦价格低廉，也具备良好的防水性能，但稳定性相对较差。

三、茅草、树皮和石板

吊脚楼也可以直接将茅草、树皮和石板固定于屋面檩椽之上，起到防水、遮蔽的作用。茅草、树皮本身易燃、耐候性差，石板不宜维护，这三种材料都不是理想的屋面材料，但限于经济条件，在较为偏远的区域仍可以见到。

后 记

  2018年恩施州人民政府副州长张勇强同志为了保护和发展土家族吊脚楼营造技艺非物质文化遗产,通过考察调研土家族非物质文化遗产——土家族吊脚楼营造技艺在恩施乃至武陵地区的存续历史和现状,提出由恩施州人民政府申报"土家族吊脚楼建筑行业规范编制项目"。该项目有四项分内容:编制《土家族吊脚楼建筑国家标准》;编制《土家族吊脚楼营造技艺指南》;编著《土家族吊脚楼建筑艺术与文化》图书;编著《土家族吊脚楼营造技艺》图书。恩施州人民政府责成恩施州住房和城乡建设局实施。

  编著《土家族吊脚楼营造技艺》工作经湖北省古建筑保护中心、湖北土司匠人古建筑有限公司、武汉大学、武汉福德设计咨询有限公司的有关专家、学者、教授、吊脚楼非遗传承人、研究生及专业技术人员的不懈努力,终于在2021年9月经专家评审通过,上梓。

  这部"图集"完成,历经三年,实属不易。这三年中,编纂人员克服新冠肺炎疫情的影响,前往土家族吊脚楼建筑密集地区的湖北恩施、鹤峰、宣恩、咸丰、利川、巴东,以及湖南龙山、永顺等地区实地考察调研、勘测丈量、拍照走访,历经千辛万苦。广泛查阅收集资料,认真分析编写,在吊脚楼营造的平面、立面、结构、装饰、材料等方面进行了细致阐述和介绍。"图集"配以文字说明,有照片、绘图近千幅,重在图。书中出现的"图"主要通过现场拍照和CAD绘图取得。照片予读者直观实物视觉,绘图予读者明晰工艺线条。

  《土家族吊脚楼营造技艺》得以出版,要感谢张勇强(恩施州副州长)、陈飞(湖北省文旅厅文物保护与考古处处长)、朱祥德(湖北省古建筑保护中心主任)、邓蕴奇(湖北省古建筑保护中心副研究员)、刘炜(武汉大学教授、博导)、王炎松(武汉大学教授、博导)等领导、专家的精心指导;要感谢陈希平执笔第一章,朱玢蓉执笔第二章,王必成执笔第三章,毛立楷执笔第四章,艾耀南执笔第五章,米杰、赵进执笔第六章,章章各具风格,各领风骚,撰写者在导师和专家指导下,反复修改至定稿;要感谢陈颖(恩施州住建局副局长)、柯兴碧(中学高级教师、项目组负责人)、谭星(恩施州住建局办公室副主任)等同志多次对"图集"内容精心审读,书面提出修改意见;要感谢以李保峰教授(华中科技大学)为组长,由刘小虎教授(华中科技大学)、王晓教授(武汉理工大学)、童乔慧教授(武汉大学)、徐伟教授(武汉工程大学)、江向东教授(恩施职业技术学院)、万桃元(吊脚楼营造非遗项目国家级传承人)等专家组建的评审组的认真评审,以及提出的详细修改意见;要感谢湖北土司匠人古建筑有限公司林沈波总经理对项目编制组在田野调查、终稿评审等工作中的后勤保障;要感谢刘琰玥、姜汉、段旭燕、伍小敏、赵进、钟兰等技术人员所做的资料查阅、记录整理、协助修改文稿等工作。总之,《土家族吊脚楼营造技艺》是集体智慧的结晶。

  之前,吊脚楼营造技艺全靠"掌墨师头脑中一座屋",无设计,无图纸。吊脚楼营造技艺传承全靠"跟师三年"。师傅口传,学徒心授;师傅操作,学徒瞄艺,学徒无法从书本中获得帮助和启发。这部"图集"的出版,解决了这一相应的难题。吊脚楼营造从艺者,可依据此书进行传统设计或创新构造;吊脚楼营造学艺者,可结合从师和自学此书,快速学成出师;吊脚楼营造研究者,可从此书内容中受到启发或挖掘纵伸。

《土家族吊脚楼营造技艺》因田野调查的地域限制、无原始资料可考,以及国家民族建筑文化的逐步融合,可能阐述欠完美周全,照片及绘图欠细致美观,敬请读者包涵;若读者发现瑕疵,敬请批评指正。

编 者

2021年9月